黄台湖三里河生态走廊

燕山大桥　　　　　　　　　　佛山公园

龙舟邀请赛　　　　　　　　　　水库库区

水城夜景

徐流口农家风情

黄台山公园

灰鹤黄台湖过冬

三里河湿地

迁安市河湖保护名录

王会波　高青春　主编

黄河水利出版社
·郑 州·

图书在版编目(CIP)数据

迁安市河湖保护名录/王会波,高青春主编.—郑
州:黄河水利出版社,2021.5
ISBN 978-7-5509-2979-1

Ⅰ.①迁… Ⅱ.①王… ②高… Ⅲ.①河流-水环境
-环境保护-迁安-名录 ②湖泊-水环境-环境保护-迁
安-名录 Ⅳ.①TV211-62②X143-62

中国版本图书馆 CIP 数据核字(2021)第 086065 号

出 版 社:黄河水利出版社 　　　　网址:www.yrcp.com
　　地址:河南省郑州市顺河路黄委会综合楼14层　邮政编码:450003
发行单位:黄河水利出版社
　　发行部电话:0371-66026940、66020550、66028024、66022620(传真)
　　E-mail:hhslcbs@126.com
承印单位:河南瑞之光印刷股份有限公司
开本:890 mm×1 240 mm　1/32
印张:2.75 　　　　　　　　　　插页:5
字数:80 千字
版次:2021 年 5 月第 1 版 　　　　印次:2021 年 5 月第 1 次印刷

定价:45.00 元

"中国北方水城"

白羊水关

河北第一座不对称斜拉索桥

滦河橡胶坝夕照

三里河治理夏官营镇

废矿坑养殖基地

水城有故事

迁安市领导高度重视河湖治理工作

本书编委会

主　　编：王会波　高青春

副 主 编：魏建国　密文富　黄　腾

　　　　　赵建芬　董　萌

编写人员：张晓鹏　余　正　李小兵　吴立明

　　　　　张翠侠　蔡朝旭　赵洪亮　刘海洋

　　　　　李　晓　丁雪松　潘景乐　李　宁

　　　　　王欣民　李晓辉　周　婧　申宿慧

　　　　　任　旺　杜晨曲

序　言

　　党的十九大报告提出,建设生态文明是中华民族永续发展的千年大计,必须树立和践行绿水青山就是金山银山的理念,坚持节约资源和保护环境的基本国策,像对待生命一样对待生态环境,统筹山水林田湖草系统治理,实行最严格的生态环境保护制度,形成绿色发展方式和生活方式,坚定走生产发展、生活富裕、生态良好的文明发展道路,建设美丽中国。全面推行河长制工作是贯彻落实习近平总书记提出"节水优先,空间均衡,系统治理,两手发力"新时期治水思路的具体体现,是落实绿色发展理念、推进生态文明建设的内在要求,是解决复杂水问题、维护河湖健康生命的有效举措,是完善水治理体系、保障国家水安全的制度创新。

　　为贯彻落实《中共中央办公厅　国务院办公厅印发〈关于全面推行河长制的意见〉的通知》(厅字〔2016〕42号)、《中共河北省委办公厅　河北省人民政府办公厅关于印发〈河北省实行河长制工作方案〉的通知》(冀办字〔2017〕6号)和《中共唐山市委办公厅　唐山市人民政府办公厅关于印发〈唐山市实行河长制工作方案〉的通知》(唐办字〔2017〕16号)精神,建立健全迁安市河湖管理体制机制,结合迁安市实际,制定了《迁安市实行河长制工作方案》,于2017年全面建立市、乡(镇)、村三级河长制组织体系,并向社会公布河长名单,制定出台了相关制度及考核办法。

　　2020年3月22日,《河北省河湖保护和治理条例》(简称《条例》)经河北省第十三届人民代表大会第三次会议审议通过,正式实施。《条例》第十四条对河北省河湖保护名录编制工作进行了规定:"本省实行河湖保护名录制度,省人民政府水行政主管部门应当会同有关部门制定河湖保护名录的编制标准。县级以上人民政府水行政主管部门按照编制标准拟定本行政区域内的河湖保护名录,经上一级水行政主管部门审查,报本级人民政府批准并向社会公布。"按照《条例》相关规定,省水利厅下发了《关于开展河湖保护名录编制工作的通知》(冀水河湖〔2020〕37号)文件,对河湖保护名录编制工作进行了安排部署。

　　2020年5月,受迁安市水利局委托,河北天和咨询有限公司结合迁安市河湖自然属性、水系特征及跨行政区域等情况,开展了全市范围内的河湖名录调查、汇编工作,并于2020年6月底完成《迁安市河湖保护名录》。在数月的编纂工作中,编纂工作组通过资料复核及现场校核的方式对迁安市各河道资料进行反复审核及汇总,本着实事求是、全面翔实的原则,以崇高的使命感和强烈的责任感,树立精品意识,深入河湖现场,专访基层群众,严把质量关。水利局各部门高度重视,对编纂工作予以全力支持,负责编纂、审稿的同志兢兢业业、任劳任怨,付出了艰辛努力。在此,谨向参与编纂工作的同志们表示由衷的感谢和诚挚的敬意!

　　本书的顺利完成,能全面反映迁安市河长制管理组织体系设置情况,可有效推进河湖"治""管"结合,开创水生态文明建设的新局面,同时还有利于加强水文化建设,推动社会主义文化事业大发展大繁荣。在此,衷心期望保护水资源、防治水污染、改善水环境、修复水生态能成为人们的共识,"绿水青山就是金山银山"的理念能够深入人心,迁安市水生态环境能够迎来更为辉煌的明天。我们将为此而不懈努力!

编　者

目 录

1 迁安市河流概况

1.1 地理位置及地形地貌

1.1.1 自然地理

迁安市隶属于河北省,位于河北省东北部,燕山南麓,滦河岸边,地理坐标为东经 118°37′~118°55′,北纬 39°51′~40°15′,市境纵跨直线距离 45 km,横跨直线距离 39 km。东隔青龙河与秦皇岛市卢龙县相望,南与滦州市相邻,西接迁西县,北以长城为界与秦皇岛市青龙满族自治县毗邻,全市总面积 1 208 km²。1996 年 10 月撤县设县级市,市人民政府驻地迁安镇,现更名为永顺街道办事处。

迁安市先后被授予全国文明城市、国家卫生城市、国家园林城市、中国宜居城市、世界健康城市、全国绿化模范城市、全国生态建设突出贡献单位等称号,是首批国家海绵城市试点中唯一的县级市、首批国家智慧城市试点单位。2019 年 10 月,入选 2019 年度全国投资潜力百强县市、2019 年度全国新型城镇化质量百强县市。

迁安市西距北京市 220 km、距天津市 190 km、距唐山市 80 km,东距秦皇岛市 110 km,北距承德市 170 km,南距京唐港 100 km。临近京唐港、曹妃甸港、天津新港、秦皇岛港。境内北京—哈尔滨高速公路、北京—秦皇岛高速公路、102 国道、三抚公路和津山铁路、大秦铁路、通坨铁路横贯东西,冷大公路、卑水铁路、迁曹铁路纵穿南北。津秦高铁在迁安设有客运站,即滦河站。

迁安市地理位置见图 1-1。

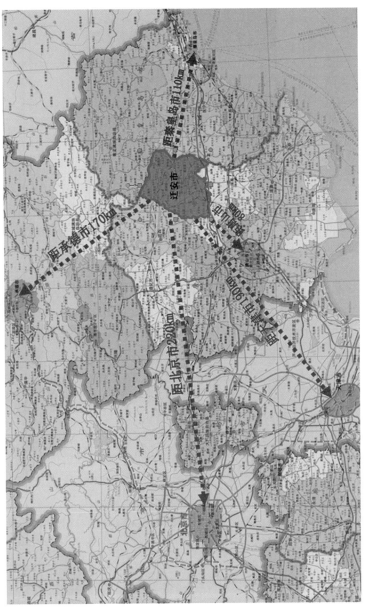

图 1-1 迁安市地理位置

1.1.2 地形地貌

迁安市地处燕山余脉南部,整个地形东、西、北三面呈脊背状,与中部和南部的开阔平原相衬托,形成了典型的"簸箕"状地形,具有典型的盆地地形特征。盆地底部向北、东地势逐步抬高,呈明显的阶梯状,总的地势为西北高,东南低,有低山、丘陵、平原三种地貌类型。其中:低山面积为 283.73 km²,主要分布在北部长城沿线和西部地区,占全市总面积的 23.1%;丘陵面积为 410.24 km²,主要分布在北部、西部低山与平原之间及东南一带、青龙河西岸一带,占全市总面积的 33.4%;平原面积为 535.03 km²,主要分布在城关盆地和东南部丘陵以北,北部丘陵以南,西部丘陵以东,占全市总面积的 43.5%。

迁安市境内最高山峰海拔为 695.70 m(五重安乡大嘴子山),最低平原海拔为 32.30 m(彭店子乡南丘村西)。迁安市地形地貌见图 1-2。

1.2 气象水文

迁安市地处燕山南麓,属暖温带半湿润大陆性气候。春季干旱少雨,大风频繁,对春耕播种和农作物苗期生长影响较大,年平均风速 2.3 m/s,最大可达 19 m/s;夏季酷暑炎热,雨量集中,往往因暴雨造成山洪暴发,易形成洪涝灾害,有时伴有风雹,对农业生产丰、歉影响很大;秋季昼夜温差显著,平均昼夜温差 10 ℃;冬季严寒,干燥多风,最大冻土深 0.9 m。

全市多年平均气温 10.3 ℃,最高气温为 38.9 ℃(1953 年 6 月 28 日),最低气温为 -28.2 ℃(1989 年 12 月 29 日),全年无霜期 174 天。多年平均日照时数 2 607.1 h,5 月日照时数最长,为 280.3 h,12 月日照时数最短,为 177.6 h。多年平均年积温 4 251.6 ℃,多年平均水面蒸发量 1 784.6 mm,干旱指数 1.8 左右。

根据多年长系列降水量同步系列资料统计分析,迁安市降水量具有年内分配非常集中、年际变化大的特点。多年平均降水量 672.4 mm,最大降水量 1 070.9 mm,最小降水量 393.4 mm。降水量多出现于

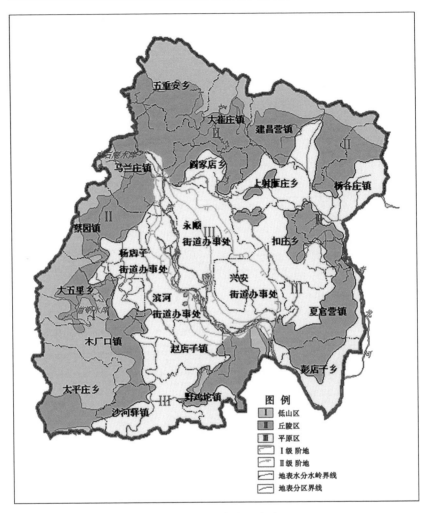

图 1-2　迁安市地形地貌

6~9 月,占全年降水量的 80% 以上,又以 7、8 月最为集中。由于降水年际变化和年内分配不均,常造成旱、涝自然灾害年内同时发生。年降水量地区分布不均,自西北部山区向东南部呈现逐渐递减之势。

1.3　水系概况

迁安市河流涉及滦河及冀东沿海水系。

1.3.1　滦河水系

滦河水系位于海河流域的东北部,地理位置北纬 39°10′~42°40′,东经 115°30′~119°45′,北起内蒙古高原,南临渤海,西界北三河水系,东与辽河水系相邻。流域总面积 54 400 km²,其中滦河流域面积 44 750 km²,冀东沿海诸河流域面积 9 650 km²。涉及内蒙古、河北和辽宁三省(区)的 31 个县(市、旗),河北省占总面积的 84.32%,内蒙古自治区占 12.78%,辽宁省占 2.9%。

滦河发源于河北省丰宁县巴彦图古尔山麓骆驼沟乡东部小梁山南麓大古道沟。上游称闪电河,两岸山地起伏和缓,多沼泽湿地,蜿蜒流淌,因像一道弯弯的闪电而得名。经内蒙古自治区正蓝旗转向东,经多伦县境至白城子有黑风河汇入,至大河口有吐里根河汇入后称大滦河,由外沟门子又进入河北省丰宁县境内,两岸崇山峻岭,起伏频殊,峡谷盆地相间,至郭家屯镇西屯汇入小滦河后始称滦河。河流蜿蜒曲折于燕山峡谷之间,以下依次有兴洲河、伊逊河、白河、武烈河、老牛河、柳河、瀑河等注入,至潘家口穿越长城,出潘家口库区后有澈河汇入,出大黑汀库区,经罗家屯龟口峡谷进入冀东平原,至滦州石梯子村北纳青龙河,穿越京山铁路桥流入滦河三角洲平原,于乐亭县兜网铺注入渤海。河流全长 888 km。流域面积 44 750 km²,其中山区面积 43 940 km²,多年平均年径流量 44.23 亿 m³。流域长 435 km,平均宽度 103 km,流域平均比降 5.17%,河道平均比降 2.65‰。

滦河水系属华北台地的一部分,地层发育和大地构造演化的历史悠久,构造单元包括内蒙古背斜、燕山沉积带和河北坳陷的冀东部分;整体地貌由西北向东南倾斜,分为高原、山地、平原三大地貌类型。

因位于中纬度欧亚大陆东岸,南部为暖温带,向北到坝上逐渐过渡到冷温带,由东南向西北依次为湿润、较湿润、半湿润、半干旱的大陆性季风气候类型,具有四季分明的气候特点。

　　流域降水具有时空分布不均的特征。洪水多由暴雨形成,一般发生在 7、8 月,最大洪峰流量多出现在 7 月下旬至 8 月上旬。由于流域暴雨历时短、强度大,以及地面坡度陡,汇流快,因此洪水具有峰高、量大、势猛等特点,且年际间变化悬殊。

1.3.2　冀东沿海诸河水系

　　滦河下游两侧,有若干条单独入海的小河,统称冀东沿海诸河。冀东沿海诸河分布于河北省秦皇岛、唐山两市邻近渤海的部分县(市)。流域东与辽河水系相邻,南临渤海,西与蓟运河接壤,北靠滦河水系燕山迎风坡,地势北高南低。北部为燕山山地丘陵区,多为棕壤、褐土区,源头高程一般为 400~800 m。最高山峰高程 1 570 m。南部为燕山山前平原,多为风砂土、潮褐土、潮土、滨海盐土,入海口高程为 1~2 m。

　　流域属暖温带半湿润大陆性季风气候,四季分明,春季干旱多风,夏季炎热多雨,秋季天高气爽,冬季寒冷少雪。降水量年内分布不均,多集中在 6~9 月,占年径流总量的 70%~80%,个别河流,如石河、洋河等可达 90%。诸河流程较短,调蓄能力差,多年平均年径流量 5.55 亿 m³,最大 13.1 亿 m³(977 年),最小 1.7 亿 m³(1958 年)。总流域面积 9 780 km²,其中山区面积 3 050 km²,占总流域面积的 31.2%。

　　冀东沿海诸河以滦河下游为界分为左右两部分。滦河干流左侧有 17 条单独入海河流,分布于河北省秦皇岛市的青龙满族自治县、山海关区、抚宁区、北戴河区、卢龙县、昌黎县。诸河由左向右依次为潮河、石河、沙河、新开河、小河子、汤河、新河、戴河、洋河、东沙河、沿沟、饮马河、赵家港沟、泥井沟、刘坨沟、刘台沟、稻子沟。其中,洋河、石河较大,大都发源于燕山南麓,流经浅山丘陵之间,纵坡较陡,平原段较短,源短流急,具有山溪性河道特征。

　　滦河干流右侧有 15 条单独入海河流。分布于河北省唐山市的迁安市、滦州、丰润区、滦南县、乐亭县、丰南区、唐海县。诸河由左向右依次为老米河、长河、湖林新河、小河子、石碑新河、大清河、大庄河、小清河、新河、溯河、小青龙河、双龙河、小戟门河、沙河(雷庄)、陡河。其中,陡河、沙河、溯河、小清河较大,大都发源于燕山丘陵区,流经平原的河道相对较长,纵坡较陡,具有山溪性向平原河流过渡的特点。

流域内有大型水库 2 座,即洋河水库、陡河水库;中型水库 1 座,石河水库;小型水库 254 座,总库容 10.73 亿 m³,调洪库容 8.59 亿 m³。为解决秦皇岛市工农业用水,建有引青济秦渠,实现跨流域引水。

1.4 迁安市河流情况

迁安市范围内河流数量共计 18 条,其中流域面积 200 km² 以上的 5 条,流域面积 50~200 km² 的 6 条,流域面积 50 km² 以下的 7 条;迁安境内河流流域总面积 1 045 km²,河流长度 331 km。迁安市范围内水库数量共计 18 座,其中小(1)型水库 7 座,小(2)型水库 11 座。详见表 1-1、表 1-2。

表 1-1 迁安市水库情况

序号	水库名称	工程规模	所属河流	所属范围镇乡
1	九龙泉水库	小(1)型	徐流河	杨各庄
2	娄子山水库	小(1)型	隔滦河	大崔庄
3	麻地水库	小(1)型	大石河	大五里
4	万宝沟水库	小(1)型	刘皮庄沙河	五重安
5	曹古庄水库	小(1)型	刘皮庄沙河	五重安
6	小何庄水库	小(1)型	隔滦河	五重安
7	白道子水库	小(1)型	白羊河	建昌营
8	小关水库	小(2)型	隔滦河	五重安
9	花庄水库	小(2)型	滦河	夏官营
10	黄柏峪水库	小(2)型	西沙河	木厂口
11	小营水库	小(2)型	滦河	永顺街道办事处
12	新庄水库	小(2)型	滦河	永顺街道办事处
13	范庄水库	小(2)型	青龙河	夏官营
14	披甲窝水库	小(2)型	凉水河	杨各庄
15	东峡口水库	小(2)型	隔滦河	阎家店
16	新军营水库	小(2)型	滦河	野鸡坨
17	皇姑寺水库	小(2)型	徐流河	杨各庄
18	水峪水库	小(2)型	大石河	大五里

表 1-2 迁安市河流情况

水系	河流	一级支流	二级支流	三级支流
滦河及冀东沿海水系	滦河 888 km,44 750 km²(54 km,258 km²)	清河 43 km,325 km²(0.3 km,4 km²)	—	—
		刘皮庄沙河 14 km,42 km²(10 km,28 km²)	—	—
		隔滦河 20 km,97 km²	—	—
		三里河 20 km,76 km²	十里河 12 km,22 km²	—
		青龙河 265 km,6 267 km²(31 km,475 km²)	东港沟河 16 km,83 km²(7.4 km,46 km²)	徐流河 14 km,38 km²
			冷口沙河 71 km,780 km²(16 km,244 km²)	白羊河 29 km,128 km²(16 km,86 km²)
				凉水河 19 km,54 km²
			野河 19 km,44 km²	—
			五道沟沙河 10 km,31 km²	—
	西沙河 157 km,902 km²(44 km,296 km²)	大石河 15 km,71 km²	—	—
	陡河（未流经迁安市境内）	崇家峪河 16 km,36 km²	—	—
		管河 24 km,120 km²(9 km,16 km²)	—	—

注:表中( )内为迁安境内河流长度、流域面积。

2 工作原则、依据及范围

2.1 工作原则

一是科学合理,积极稳妥。统筹需要与可能,考虑必要与紧迫,科学确定本市河湖名录。

二是远近结合,分级分类。以问题和需求为导向,统筹近期与远期,分步分级确定重点河湖名录和责任主体。

三是加强协作,统筹推进。强化部门协作,听取相关部门对重点河湖名录的建议。

四是加强监督,严格管理。对纳入名录的重点河湖,要落实工作责任,强化信息公开,严格监督管理。

2.2 编制依据

2.2.1 法律法规

(1)2002 年中华人民共和国主席令第 74 号发布实施的《中华人民共和国水法》(2016 年 7 月 2 日第十二届全国人民代表大会常务委员会第二十一次会议《关于修改〈中华人民共和国节约能源法〉等六部法律的决定》第二次修正)。

(2)《中共中央　国务院关于加快推进生态文明建设的意见》(中发〔2015〕12 号文)。

(3)《河北省河湖保护和治理条例》(2020 年 3 月 22 日)。

2.2.2　相关规划及成果

（1）《河北河湖名录》,2009 年。

（2）《迁安市滦河、青龙河等五条河流干流岸线保护和利用管理规划》,2018 年 7 月。

（3）《迁安市隔滦河、刘皮庄沙河等 11 条河道岸线保护和利用规划》,2019 年 11 月。

（4）《迁安市白羊河、隔滦河、大石河、凉水河 4 条河道管理范围复核及划定方案》,2019 年 11 月。

（5）《河北省水资源保护规划》,2017 年 10 月。

（6）《海河流域综合规划(2012—2030 年)》,2013 年。

（7）《河北省主体功能区规划》,2013 年。

（8）《迁安市 2017 年度水污染防治工作实施方案》,2017 年。

（9）《迁安市城乡总体规划(2013—2030)》,2013 年。

（10）《河北省中小河流水能资源开发规划(2015—2025)》,2015 年。

（11）其他相关文件、规划及技术标准。

2.3　编制范围

河北省水利厅于 2020 年 4 月,以冀水河湖〔2020〕37 号文下发《关于开展河湖保护名录编制工作的通知》,要求县级水行政主管部门于 6 月底前完成县域范围内河湖保护名录编制工作,并随文下发《河北省河湖保护名录编制标准》。随后,唐山市水利局以唐水河湖〔2020〕9 号文下发《关于开展河湖名录编制工作及加快推进水利普查名录内河湖管理范围划定工作的通知》,提出此次河湖保护名录编制及河湖管理范围划定工作范围,包括下列各项:

（1）原则上为第一次全国水利普查河湖名录内河流、湖泊。

（2）流域面积大于或等于 50 km² 的河流。

（3）流域面积小于 50 km² 的河流,但符合下列条件之一的宜纳入本次河流保护名录：①防洪影响范围内或供水影响范围内有常住人口；②防洪影响范围内或供水影响范围内有工矿企业；③具有河流生态功能。

各县（市、区）对照上述原则，最终确定编制范围。

根据"全国第一次水利普查名录内河流（唐山）"中的列表，涉及迁安市的河流包括滦河、青龙河、沙河、西沙河、清河、白羊河、管河、隔滦河、三里河、青龙河右支分叉河、野河等11条河流。

结合上述第一次水利普查名录，为了能够全面反映迁安市河湖体系及河长制管理组织体系设置情况，有效推进河湖"治""管"结合，开创水生态文明建设的新局面，最终确定本次迁安市河湖保护名录范围包括滦河、清河、刘皮庄沙河、隔滦河、三里河、青龙河、十里河、东港沟河、冷口沙河、野河、五道沟沙河、徐流河、白洋河、凉水河、西沙河、大石河、崇家峪河、管河等18条河流及全市18座小（1）、小（2）型水库，详见表2-1。

表2-1 河湖保护名录编制范围分析

序号	河道名称	是否包含在第一次水利普查名录	删减原因	新增原因
1	滦河	是		
2	清河	是		
3	刘皮庄沙河	否		防洪影响范围内或供水影响范围内有常住人口
4	隔滦河	是		
5	三里河	是		
6	青龙河	是		
7	十里河	否		防洪影响范围内或供水影响范围内有常住人口
8	东港沟河	是		

续表 2-1

序号	河道名称	是否包含在第一次水利普查名录	删减原因	新增原因
9	冷口沙河	是		
10	野河	是		
11	五道沟沙河	否		防洪影响范围内或供水影响范围内有常住人口
12	徐流河	否		防洪影响范围内或供水影响范围内有常住人口
13	白羊河	是		
14	凉水河	否		流域面积大于或等于 50 km^2
15	西沙河	是		
16	管河	是		
17	大石河	否		流域面积大于或等于 50 km^2
18	崇家峪河	否		防洪影响范围内或供水影响范围内有常住人口
19	青龙河右支分叉河	是	不属于河流，是青龙河主河道的分叉河	

2.4　工作要求

河湖名录应包括河湖有关基础信息，主要包括河湖水系名称、河湖基本情况、涉及的重要生态敏感区、河长制分级目录等情况，具体按照冀水河湖〔2020〕37 号文附件格式进行填报。

3 迁安市河湖名录

3.1 滦河水系

3.1.1 滦河

3.1.1.1 编制对象

(1)河流名称:滦河迁安市段。

(2)所属水系:海河流域滦河水系。

(3)流经区域:大崔庄镇、马兰庄镇、阎家店乡、杨店子街道办事处、滨河街道办事处、永顺街道办事处、兴安街道办事处、赵店子镇、野鸡坨镇、夏官营镇、彭店子乡等11个乡(镇)及街道办事处。

(4)本市河道起止位置:于迁安市马兰庄镇侯台子村附近进入,于迁安市夏官营镇,沿迁安、滦州边界而流,至彭店子乡南丘村出迁安市,入滦州。

(5)河流长度及流域面积:滦河在迁安市境内长54 km,境内流域面积258 km²。

(6)跨界类型:跨省。

(7)流域功能:防洪、生态。

(8)防洪标准:滦河干流迁安段,左堤防洪标准为50年一遇,右堤为20年一遇,堤防已达标。

(9)编写依据:第一次全国水利普查河湖名录内河流。

3.1.1.2 河流概述

海河流域中独流入海的河流,古称濡水,始见于《汉书·地理志》,至《水经注》均称为濡水,唐以后改称滦河,发源于河北省丰宁县骆驼沟乡,至乐亭县兜网铺入渤海,地理位置东经115°40′~119°20′,北纬

39°10′~42°35′,行政区划分属河北、内蒙古、辽宁三省(区)。

滦河全长 888 km,流域面积 44 750 km²,流域北高南低,分为高原、山地、平原三大地貌类型,滦河河流水系见图 3-1。高原分布于流域北部,高程在 1 400~1 600 m,山地及丘陵、山间盆地分布于高原、平原之间,平原分布在流域南部,属山前倾斜平原。

滦河水量较丰,干流自源头至入海口,沿途汇入的常年有水支流约 500 条,其中长 20 km 以上的一级支流 33 条,流域面积大于 1 000 km² 的有小滦河、兴洲河、伊逊河、武烈河、老牛河、柳河、瀑河、潵河和青龙河共 9 条。流域由东南向西北依次为湿润、较湿润、半湿润、半干旱大陆性季风气候类型。多年平均降水量 563.7 mm,夏季占 67%~76%。多年平均径流量 41.9 亿 m³,最大为 1959 年 129.1 亿 m³,最小为 2000 年 11.0 亿 m³。流域多年平均水资源总量 46.7 亿 m³。

滦河多泥沙,大部分产生于汛期,潘家口、大黑汀水库修建前,沙量几乎全部入海,滦州市水文站多年平均悬移质输沙量 1 960 万 t,平均含沙量 4.12 kg/m³。潘家口、大黑汀水库建成后,蓄浊供清,下游河道沙量减少,潘家口水库淤积已超过 1 亿 m³。

根据有关资料,滦河出山至平原间的河道曾发生 10 多次重大变迁。大约在晚更新世之前,滦河下游由大黑汀水库南流,经照燕州、南观、崖口,循现还乡河,于丰润区披霞山出山,入丰润、玉田平原;晚更新世以后,滦河自迁西东流,与清河相汇,于迁安印子峪、西峡口一带南流,循现沙河、小青龙河,于雷庄东入平原,在柏各庄一带入海;晚更新世末期,滦河再次改道,由迁安爪村一带改向东流,与青龙河相汇后南流,于滦州、昌黎之间出山,即现今的滦河。

滦河在平原区亦数次改道。1324 年(元泰定元年)至 1846 年(清道光二十二年),滦河东移乐亭,经汀流河、庞各庄、新寨、古河,于捞鱼尖入海;1813 年(清嘉庆十八年)由汀流河经乐享、汤家河、胡家坨,于董庄入海;1915 年,滦河再次改道,又经 1938 年特大洪水,形成现在的位置。

3.1.1.3　河流纪实

上游:滦河上游称闪电河,因蜿蜒流淌,形似闪电而得名,位于海拔

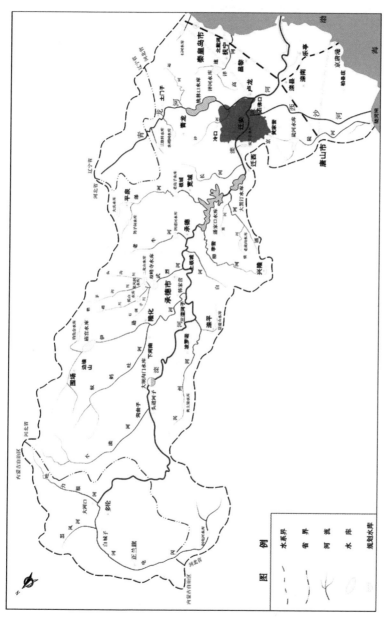

图 3-1 滦河河流水系

1 300～1 400 m 的坝上高原。闪电河源自河北省丰宁县骆驼沟乡东部小梁山南麓大古道沟,向西北流入张家口市沽源县,此间,右岸先后接纳二道河、骆驼场等支流,闪电河入沽源后,在三旗镇西南左纳五女河,再向西北 25 km,入闪电河中型水库。出水库后,闪电河沿沽源县东部北流,经马神庙至榆树沟子东,有沙井子河右岸汇入。过榆树沟后,再北流,至黄土湾北,出沽源县。入内蒙古自治区正蓝旗,北流至小马场转东北,至正蓝旗上都镇。闪电河经双山水库,转东南入内蒙古多伦县。至上都河乡白城子村,有从北来的黑风河注入,水量增加,东南流至大河口村南,吐力根河自东北注入。继续东南流,进入中游河段,始称滦河。

中游:滦河由北向南,穿行在峡谷之中,纵比降较大,沙质河床,河漫滩较宽,局部有沼泽湿地和盲河,沿途先后接纳沙河等 7 条支流。自红旗营子以下滦河折向西南至骡子沟口,该段河道通过内蒙古高原与阴山山脉连接带,沿途接纳常年有水支流 13 条,较大的有小菜园沟、松木沟、骡子沟等。过骡子沟口;滦河复入河北省丰宁县。流至外沟门乡外沟门村,右纳槽碾西沟,再南行至四岔口乡头道河村,右纳四岔口沟,滦河穿行于山间盆地,两岸山地高耸,谷坡陡峭,林木茂密;至四岔口乡永利村,有丰宁电站水库。东流经小梁东、苏家店至五道河子,在漠河沟村西北入隆化县。至郭家屯西,左纳小滦河,东南流至鱼亮子村北,纳鱼亮子北沟,经大对山、小对山,滦河转南流,又折东,先后 4 次急剧改变流向,又向南,过太平庄后东南流,至兴隆庄出境,入滦平县后,委蛇曲折,先东南行,过夹皮沟转南,至西沟建有大河西水电站。滦河进入山间盆地,谷坡较陡,植被稀疏,边滩发育,沿河多为一岸有堤,至张百湾镇北,右纳兴洲河,过四道河东南流,坡陡流急,河床多砾石,局部有边滩和沙洲,两岸光山秃岭,植被很差;在六道河处建六道河水电站,其后滦河东南流入承德市双滦区,于滦河镇左岸纳伊逊河。滦河至双塔山镇南,直到偏桥子镇东小贵口村,为滦平县、承德市区的界河,东南流至化育沟东,有王营子川从右岸汇入。

滦河经大石庙镇雹神庙村,武烈河自左岸汇入。在石门子村入承德县,向东、再东南,经上板城镇白河南村,右纳白河。过上板城,右岸有上板城电站。再经头道沟、漫子沟,至下板城镇,老牛河左岸汇入。南流经乌龙矶、辛家庄,至八家乡彭杖子,左纳暖儿河,出承德县入兴隆县。西南流转东南,经大杖子、蘑菇峪,柳河右岸入。其间在城墙峪村西有黄花川右岸汇入。于清河塘村,入宽城县。至塌山乡瀑河口村,左纳瀑河。纳瀑河后,实际已进入潘家口水库库区,再经独石沟、梓罗台、孟子岭3乡,在西卜子村出境,入迁西县。出潘家口水库南流,至澈河桥镇,澈河自右岸注入。过澈河桥镇,进入大黑汀水库库区。水库以下,滦河向南至迁西北,折东至九山村南,长河自左岸注入。东流过罗家屯镇南,至迁安市大崔庄镇侯台子村,左纳清河。入迁安市转东南流,至西马兰庄进入山前平原区,沙质河床,局部有砾石。迁安城西有堤防,沿河多成片树林或疏林。东南流至花庄南,始沿迁安、滦州边界而流,穿行在低丘之中。至滦州石梯子村东入滦州,同时纳东北来的青龙河,青龙河是滦河最大支流。过石梯子村,沿滦州、卢龙边界西南行,约20 km过京山铁路桥。

下游:过京山铁路后,滦河进入山前平原,沿滦州、昌黎县边界南流。至滦州镇南4 km岩山,右岸有岩山渠首引水枢纽工程。过岩山渠首后,滦河转向东南,经法宝、庄寨,于大王庄入滦南县(右岸),沿滦南、昌黎县边界东南流经马城、长凝两乡(镇),自昌黎县西庄寨西南,又成为乐亭、昌黎两县界河,转东流至乐亭县东铺,转东南流至老杜庄,转东流至乐亭县城东32 km兜网铺入海。

滦河入海口长4.5 km,左岸系由泥沙淤积形成的河口三角洲,面积约10 km²,其上无居民。除向南的主流河口外,还有向东、向北的两处河口,逐渐淤浅,但仍与海相通,洪水期亦可分流。

3.1.1.4　迁安市内河段

滦河在迁安境内长54 km,流域面积258 km²,有刘皮庄沙河、隔滦河、三里河汇入,滦河在迁安市境内共流经大崔庄镇、马兰庄镇、阎家店乡、杨店子街道办事处、滨河街道办事处、永顺街道办事处、赵店子镇、野鸡坨镇、兴安街道办事处、夏官营镇、彭店子乡等11个乡(镇)、街道办事处及53个村,涉及总户数20 908户、总人口73 057人。滦河迁安市境内流域见图3-2。

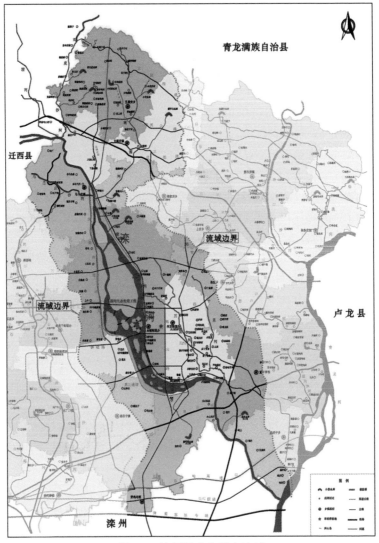

图 3-2　滦河迁安市境内流域

在迁安市区西侧的滦河上,2003 年开工修建了"迁安市滦河生态防洪工程"及"滦河迁安市段综合治理工程",包括高标准防洪大堤、防洪撤退路、7 道蓄水橡胶坝(详见表 3-1),形成 3 600 亩(1 亩 = 1/15 hm²)的黄台湖水面、黄台山公园。工程集防治洪水、园林绿化、旅游开发和城市建设为一体,为同类工程提供了成功范例。

滦河迁安市段工程情况如下:

(1)滦河生态防洪工程:自 2003 年 4 月开工建设,分四期实施,先后建设了 24.4 km 防洪标准为 50 年一遇的左岸大堤、27.02 km 防洪标准为 20 年一遇的右岸大堤、6 km 防洪标准为 20 年一遇的撤退路、3 道橡胶坝、三里河排水闸涵 1 座、21 座穿堤排水涵洞、三里河引水涵洞 1 座、3 座防洪村台、7 座湖岛连接桥及绿化、美化、亮化等工程,建成 6 片总面积 6 411 亩的人工水面,完成总工程量 7 600 万 m²,完成绿化面积 126 万 m²,投入资金 25.3 亿元。

(2)滦河迁安市段综合治理工程:2011 年市委、市政府在充分调研、科学论证的基础上,高站位对滦河进行了重新谋划,决定对滦河进一步进行规划治理,于 2012 年 3 月实施了滦河综合开发治理工程。该工程对滦河进行全面规划,将滦河上起一号橡胶坝,此工程下至南白庄拐角处,两个大堤之间,总面积 49.6 km²,通过继续修建橡胶坝、挖湖、筑岛,结合现代化标志区建设,提升景观效果,形成 24 km² 的水域和湿地面积、17 km² 的绿化面积、2 km² 的旅游开发面积和 7 km² 的综合城市建设用地。滦河综合开发治理工程已完成投资 80 亿元。

(3)滦河—西沙河引水工程:根据《唐山市全域治水清水润城三年(2018—2020)行动方案》,2019 年迁安市实施唐山市水系连通工程:滦河—西沙河工程,即引滦入沙工程,投资 1.8 亿元。工程取水位置在滦河右二号橡胶坝上游,终点由大五里乡松木庄村北入西沙河。这个工程,一方面补充西沙河全流域生态用水,提高河道水体自净能力,改善沿岸的生态环境,扮靓迁安西部;另一方面每年可向古冶、开平境内的石榴河提供生态用水 1 000 万 m³,润泽唐山南域,为美丽乡村建设、群众安居乐业、社会稳定提供良好的基础。

表 3-1 滦河橡胶坝指标

序号	坝名称	位置	桩号	设计蓄水量（万m³）	蓄水面积（km²）	坝长（m）	孔数	单孔净宽（m）	底板高程（m）	坝高（m）	蓄水位（m）	附属闸涵 类型	孔数	单孔净宽（m）	泄量（m³/s）	备注
1	一号右支橡胶坝	小营西	6+250	70	0.25	100	2	50	61.5	2	63.5	平板	5	5	160	
2	一号左支橡胶坝	小营西	6+250			280	4	70	61.8	2	63.5	平板	1	5	20	
3	左二橡胶坝	三里营村西	8+900	969	1.29	314	3	中孔100,其他105	49	3.5	52.5	无				
4	右二橡胶坝	棋光西桥南	8+700		1.74	785	8	95	49.8	4.5	54.2	翻板	1	13	200	
5	左三橡胶坝	黄台山西	13+250	2 017	8.031 545	500	6		45	3.5	48.5	无	0	0	0	
6	右三橡胶坝	麻官营村东	14+900			386	4	90	45.3	3.3	48.5	翻板	1	20	200	
7	燕山橡胶坝	燕山桥下游	19+900	970	4.787 825	830	8	100	40.3	3.3	43.5	翻板	1	20	200	蓄水量含左三坝下游至漫水桥108万m³
8	四号橡胶坝	商庄村南	23+050	631	2.168 22	508	4	121	38	3.5	41.5	平板	2	8	200	

3.1.1.5 水库概述

滦河流域内分布小型水库共计 15 座,其中小(1)型水库 6 座,分别为九龙泉水库、娄子山水库、万宝沟水库、曹古庄水库、小何庄水库、白道子水库;小(2)型水库 9 座,分别为小关水库、花庄水库、小营水库、新庄水库、范庄水库、披甲窝水库、东峡口水库、新军营水库、皇姑寺水库。水库特征指标见附表 3-1、附表 3-2。

1. 小(1)型水库

1)九龙泉水库

九龙泉水库位于杨各庄镇徐流口村南,属徐流河流域,为小(1)型水库。工程于 1975 年 10 月开工兴建,1977 年 12 月底完成,流域面积 2.1 km²,水库总库容 120.5 万 m³,兴利库容 119.46 万 m³,死库容 1.04 万 m³。设计洪水位 86.76 m,校核洪水位 88.39 m,正常蓄水位 90 m,汛限水位 84.7 m,死水位 81 m。保护人口 6 230 人。

2)娄子山水库

娄子山水库位于大崔庄镇娄子山村北,属滦河流域,水库靠跨流域引白羊河水蓄水,是一座小(1)型水库。控制流域面积 2.2 km²,水库总库容 139.3 万 m³,兴利库容 134.33 万 m³,死库容 3.94 万 m³。设计洪水位 131.6 m,校核洪水位 134.05 m,正常蓄水位 134 m,汛限水位 128 m,死水位 118 m。保护人口 5 412 人。

3)万宝沟水库

万宝沟水库位于五重安乡万宝沟村南,属滦河流域,为小(1)型水库,始建于 1958 年 3 月,到同年 9 月基本完成。水库控制流域面积 1.8 km²,水库总库容 106.11 万 m³,兴利库容 37.55 万 m³,死库容 11 万 m³;设计洪水位 132.23 m,校核洪水位 134.05 m,正常蓄水位 130.23 m,汛限水位 129.8 m。保护人口 800 人。

4)曹古庄水库

曹古庄水库位于五重安乡曹古庄村东、刘皮庄沙河上游,属刘皮庄沙河流域,是一座小(1)型水库,水库控制流域面积 3.1 km²,水库总库容 134.8 万 m³,兴利库容 86.5 万 m³,死库容 0.8 万 m³;设计洪水位 132.27 m,校核洪水位 134.85 m,正常蓄水位 132.4 m,汛限水位 126.7

m,死水位 119.2 m。保护人口 2 250 人。

5) 小何庄水库

小何庄水库位于五重安乡小何庄村,属隔滦河流域,为小(1)型水库,控制流域面积 1.44 km²,水库总库容 100.45 万 m³,兴利库容 78.6 万 m³,死库容 2.9 万 m³。设计洪水位 139.24 m,校核洪水位 141.26 m,正常蓄水位 139.88 m,汛限水位 136.25 m,死水位 128.03 m。保护人口 2 000 人。

6) 白道子水库

白道子水库位于北部长城脚下的建昌营镇白道子村北白洋河上游东侧,是一座小(1)型水库。控制流域面积 2.5 km²,水库总库容 106.98 万 m³,兴利库容 75.26 万 m³,死库容 1.56 万 m³。设计洪水位 149.21 m,校核洪水位 151.38 m,正常蓄水位 149.25 m,汛限水位 143.5 m。保护人口 3 620 人。

2. 小(2)型水库

1) 小关水库

小关水库位于五重安乡小关村、隔滦河上游东侧,属隔滦河流域,为小(2)型水库,于 1978 年竣工。水库防洪标准为 30 年一遇洪水设计,300 年一遇洪水校核,控制流域面积 3.3 km²,多年平均径流量 66 万 m³,设计洪水位 145.76 m,正常蓄水位 142.56 m,汛限水位 142.56 m,死水位 127.56 m;总库容 71 万 m³,兴利库容 49.3 万 m³,死库容 1.2 万 m³。保护人口 2 200 人。

2) 花庄水库

花庄水库位于夏官营镇花庄村东,属滦河流域,为小(2)型水库,控制流域面积 0.97 km²,设计洪水位 66.9 m,总库容 48.4 万 m³,于 1978 年竣工。除险加固工程实施后,水库已无原设计的工程任务,计划按照《水库降等与报废标准》(SL 605—2013),申请报废处理。

3) 小营水库

小营水库为小(2)型水库,位于永顺街道小营村北,所在河流为滦河,流域面积 0.4 km²,于 1976 年 9 月竣工。水库总库容 23.1 万 m³,调洪库容 4.14 万 m³,兴利库容 17.9 万 m³,死库容 0.763 万 m³。设计洪水位 88.5 m,校核洪水位 88.91 m,正常蓄水位 87.94 m,汛限水位 87.94 m。保护人口 2 300 人。

4)新庄水库

新庄水库位于永顺街道新庄村北,属滦河流域,是一座小(2)型水库,工程始建于 1967 年,1969 年竣工。水库流域面积 1.2 km²,总库容 40.4 万 m³,兴利库容 10.6 万 m³。

5)范庄水库

范庄水库位于夏官营镇范庄村西,属青龙河流域,为小(2)型水库。流域面积 0.5 km²,于 1975 年竣工。水库总库容 21.2 万 m³,调洪库容 6.22 万 m³,兴利库容 14.5 万 m³,死库容 0.45 万 m³。设计洪水位 66.39m,校核洪水位 66.81m,正常蓄水位 65.6 m,汛限水位 65.6 m。保护人口 523 人。

6)披甲窝水库

披甲窝水库位于杨各庄镇披甲窝村南,属青龙河流域,为小(2)型水库。流域面积为 0.6 km²,工程于 1976 年竣工。水库总库容 21.26 万 m³,调洪库容 6.96 万 m³,兴利库容 14.12 万 m³,死库容 3.31 万 m³。设计洪水位 87.59 m,校核洪水位 88.02 m,正常蓄水位 87 m,汛限水位 87 m。保护人口 350 人。

7)东峡口水库

东峡口水库位于阎家店乡东峡口村东北部、滦河上游东侧,属隔滦河流域,为小(2)型水库,于 1973 年 7 月竣工投入使用。水库流域面积 1.0 km²。设计洪水位 84.60 m,汛后最高蓄水位 82.80 m,死水位 77.80 m,总库容 28.00 万 m³,兴利库容 14.40 万 m³,死库容 0.60 万 m³。

8)新军营水库

新军营水库位于野鸡坨镇新军营村南,是一座小(2)型水库,所在河流为滦河,流域面积 0.52 km²,于 1973 年 6 月竣工。水库总库容 21.7 万 m³,调洪库容 4.8 万 m³,兴利库容 15.7 万 m³,死库容 1.23 万 m³。设计洪水位 83.93 m,校核洪水位 84.26 m,正常蓄水位 83.3 m,

汛限水位 83.3 m。保护人口 906 人。

9)皇姑寺水库

皇姑寺水库位于杨各庄镇皇姑寺村东北,属徐流河流域,为小(2)型水库。流域面积 0.4 km²,总库容 24.5 万 m³,兴利库容 14.6 万 m³,死库容 1.3 万 m³;正常蓄水位 80.07 m,校核洪水位 82.12 m,死水位 74.26 m;防洪标准为 100 年一遇,300 年校核。

3.1.2　清河

3.1.2.1　编制对象

(1)河流名称:清河迁安市段。

(2)所属水系:海河流域滦河水系滦河的一级支流。

(3)流经区域:迁安市马兰庄镇。

(4)本市河道起止位置:于迁安市马兰庄镇侯台子村附近进入,300 m 后汇入滦河。

(5)河流长度及流域面积:清河在迁安市境内长 0.3 km,境内流域面积 4 km²。

(6)跨界类型:跨市。

(7)流域功能:防洪。

(8)编写依据:第一次全国水利普查河湖名录内河流。

3.1.2.2　河流概述

清河为滦河一级支流,《水经注》称熬水,发源于宽城县见草沟东南老周家村,于迁安市侯台子村入滦河,涉及宽城、青龙、迁西、迁安 4 县(市)。清河长 43 km,流域面积 325 km²,迁安市境内河长 288 m,流域面积约 4 km²,流域地跨长城南北,处于燕山山区。长城以北为深山区,高程 300~700 m,植被较好,长城以南高程 70~400 m。

上游:发源于宽城县南部见草沟东南老周家村,西流至关石村,折南经榆树村、北尖、红石峪村,过长城入迁西县。

中游:经大岭寨口过长城入迁西县。大岭寨口为长城关隘,现已拆毁,西南流经龙辛庄、北刘古庄,折南流至太平南,左纳东清河(又称凉水河)。

　　下游:过太平寨后,向东南至韩家河,右纳一小支流,折东流偏南过黄土岭,折南流至水泉村,又右纳一小支流。清河西南流经罗家屯镇长岭峰村,西南流入迁安市境,遂于马兰庄镇侯台子村北入滦河。

　　清河流经马兰庄镇侯台子村,涉及总户数 269 户,总人口 964 人。

　　清河流域水系见图 3-3。

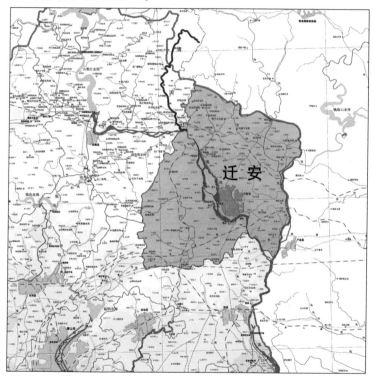

图 3-3　清河流域水系

清河汇入滦河河口位置见图 3-4。

3.1.3　刘皮庄沙河

3.1.3.1　**编制对象**

　　(1)河流名称:刘皮庄沙河迁安市段。

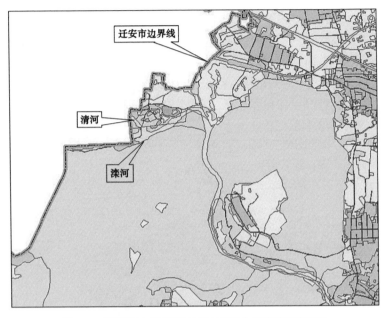

图3-4　清河汇入滦河口位置(底图为迁安市三调图)

（2）所属水系:海河流域滦河水系滦河的一级支流。

（3）流经区域:迁安市五重安乡、大崔庄镇等2个乡(镇)。

（4）本市河道起止位置:于迁安市五重安乡曹家沟村附近进入,于迁安市大崔庄镇侯户庄村附近汇入滦河。

（5）河流长度及流域面积:刘皮庄沙河在迁安市境内长10 km,境内流域面积28 km^2。

（6）跨界类型:跨县。

（7）流域功能:防洪。

（8）编写依据:防洪影响范围内或供水影响范围内有常住人口。

3.1.3.2　河流概述

刘皮庄沙河位于迁安市西北部,是滦河一级支流,发源于青龙县横山沟村东南,向南流经东辛庄村进入迁安市境。经曹家沟村、沙涧村、刘皮庄村、沙河庄村至侯庄户村南注入滦河。河道全长14 km,流域面积42 km^2。在迁安市境内长10 km,河道均宽30 m,流域面积28 km^2。

刘皮庄沙河属于山区、丘陵区,为砂砾石河床,受两岸地形限制,河道流向基本不会发生大的变化。河道整体由东北—西南走向,河道较为弯曲,地下河,两岸无堤,局部有不连续土埝,河槽多为单式断面,河槽内有水,淤积严重,河床质为沙质、土质,河槽内有生活垃圾,两侧岸坡上种植树木,河道两岸为农田、村庄、道路、砂坑及矿渣堆,河宽30～40 m,整体纵坡10.2‰。

刘皮庄沙河共流经五重安乡、大崔庄镇等2个乡(镇),刘皮庄村、沙河庄村、侯庄户村等3个村,涉及总户数1 355户,总人口4 733人。

刘皮庄沙河迁安市境内水系见图3-5。

3.1.3.3　水库概述

刘皮庄沙河流域内分布小(1)型水库共计2座,分别为万宝沟水库、曹古庄水库。

3.1.4　隔滦河

3.1.4.1　编制对象

(1)河流名称:隔滦河。

(2)所属水系:海河流域滦河水系滦河的一级支流。

(3)流经区域:迁安市五重安乡、大崔庄镇、阎家店乡等3个乡(镇)。

(4)河道范围:起始于五重安乡马井子村,终点位于阎家店乡西峡口村,最终汇入滦河。

(5)河流长度及流域面积:隔滦河河道长20 km,流域面积97 km^2。

(6)跨界类型:市域范围内。

(7)流域功能:防洪。

(8)编写依据:第一次全国水利普查河湖名录内河流。

3.1.4.2　河流概述

隔滦河位于迁安市西北部,为滦河的一级支流,发源于迁安市西北部的马井子村,东南流至三岭,折转向西南,到西峡口注入滦河,隔滦河干流长20 km,流域面积100 km^2。隔滦河流基本属于低山丘陵区,受两岸地形限制,河道流向基本不会发生大的变化,三岭村以上流向基本

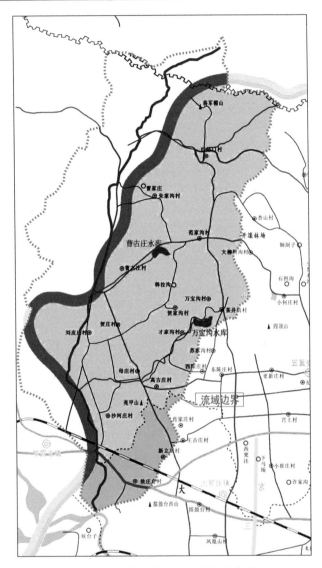

图 3-5　刘皮庄沙河迁安市境内水系

为南北方向,坡度相对较陡,三岭村以下为东北、西南流向,坡度相对较缓。河道整体较为弯曲,地下河,两岸无堤,局部有不连续土埝,河槽多为单式断面,河槽内有水,淤积严重,河床质为砂砾石,河槽内有生活垃圾,两侧岸坡上种植树木,河道两岸为农田、村庄、道路、山体,河宽10~50 m,整体纵坡6.2‰。

隔滦河共流经五重安乡、大崔庄镇、阎家店乡等3个乡镇,左岸流经村庄为新开岭村、杏山村、小何庄村、小关村、五重安村、隔滦河村、东峡口村,右岸流经村庄为马井子村、新开岭村、石门村、杏山村、小何庄村、小关村、黄金寨村、张庄子村、三岭村、隔滦河村、西峡口村,共计13个村,涉及总户数3 744户,总人口13 358人。

隔滦河流域水系见图3-6。

3.1.4.3　水库概述

隔滦河流域内分布小型水库共计4座,其中小(1)型水库2座,分别为娄子山水库、小何庄水库,小(2)型水库2座,分别为小关水库、东峡口水库。

3.1.5　三里河

3.1.5.1　编制对象

(1)河流名称:三里河。

(2)所属水系:海河流域滦河水系滦河的一级支流。

(3)流经区域:迁安市永顺街道办事处、兴安街道办事处、夏官营镇等3个乡(镇)及街道办事处。

(4)河道范围:起始于永顺街道办白沙坡村,终点位于兴安街道办沙河子村,最终汇入滦河。

(5)河流长度及流域面积:三里河河道长20 km,流域面积76 km²。

(6)跨界类型:市域范围内。

(7)流域功能:防洪、生态。

(8)编写依据:第一次全国水利普查河湖名录内河流。

3.1.5.2　河流概述

三里河属滦河水系支流,贯穿迁安市河东区。发源于迁安市白沙坡村北,东南流至大魏庄、杨团堡,在省庄处有十里河由南汇入,到沙河子村南注入滦河,三里河干流长20 km,流域面积76 km²。三里河基本属于低山丘陵区,为土质河床,河段弯曲,河床呈下切式,较为平整。河

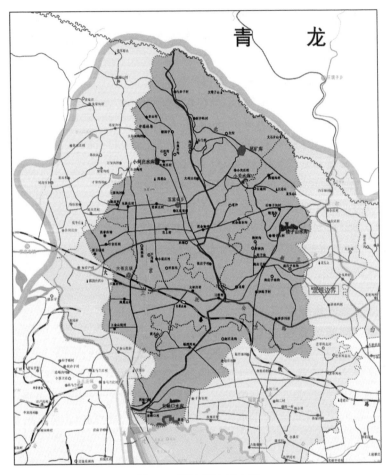

图 3-6 隔滦河流域水系

道多年来没有出现变迁情况,主河槽位置基本稳定。三里河上游新寨村、小寨村段长 5.5 km,河道两岸无堤防,两侧为农田或村庄;中游贯穿迁安市区,2007 年,迁安提出治理三里河工程,兴建绿色河东生态走廊,2009 年 5 月,占地 144 万 m²,投资 6 亿余元的三里河生态走廊建成开放,2017 年,迁安又投资改造三里河,改造工程被设计成城市带状公园、城市的生态廊道、景观廊道和休闲廊道。该项目先后获得"全国人居环境范例奖"和"世界景观奖",被称为"会呼吸的河道"。三里河中下游段河道蜿蜒曲折,两岸无堤防,主河槽宽 10~50 m,两侧滩地为农田庄稼或林地,跨河现有漫水路、公路桥、涵管。

三里河流经永顺街道办事处、兴安街道办事处、夏官营镇 3 个乡(镇)、街道办事处,左岸流经村庄为白沙坡村、吉兰庄村、小寨村、新寨村、阚庄村、五里岗村、石牌庄村、蔡庄村、后桥村、省庄村、芦沟堡村、沙河子村,右岸流经村庄为三里营村、新寨村、前桥村、于家村、石新庄村、庞庄村、三李庄村、商庄村、白庄村,共计 20 个村,涉及总户数 6 707 户,总人口 23 507 人。

三里河流域水系见图 3-7。

3.1.6 青龙河

3.1.6.1 编制对象

(1)河流名称:青龙河迁安市段。

(2)所属水系:海河流域滦河水系滦河的一级支流。

(3)流经区域:迁安市杨各庄镇、扣庄乡、夏官营镇、彭店子乡等 4 个乡(镇)。

(4)本市河道起止位置:于迁安市杨各庄镇包各庄村附近进入,沿迁安、卢龙边界而流,至彭店子乡南丘村入滦州,后汇入滦河。

(5)河流长度及流域面积:青龙河在迁安市境内长 31 km,境内流域面积 475 km^2。

(6)跨界类型:跨省。

(7)流域功能:防洪。

(8)编写依据:第一次全国水利普查河湖名录内河流。

3.1.6.2 河流概述

滦河支流,北魏时称"玄水",《水经注》亦称"玄水",清代称"漆水",清代以后称"青龙河",发源于河北省平泉市,至滦州石梯子村东入滦河,地理位置为东经 118°37′~119°37′,北纬 39°51′~41°07′,分属河北省、辽宁省 7 县(市)。

青龙河位于迁安市东部,滦河主要支流之一,是境内常年有水的第二条过境大河,发源于河北省承德地区平泉市境燕山山脉的七老图山

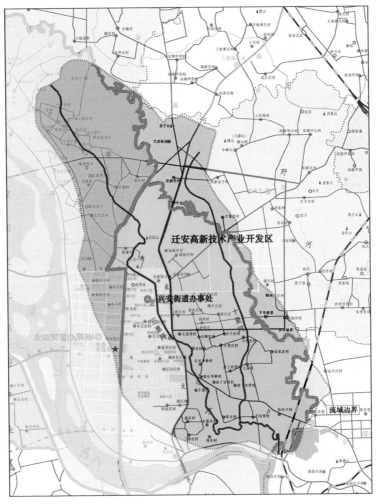

图 3-7　三里河流域水系

支脉南侧,西南流至曲河入迁安市境,再西南流至揣庄有徐流河注入,
南流至枣行汇冷口沙河后再南流至郎庄有野河注入,继续南流经马哨、
至梁庞庄有五道沟沙河注入,再往南经崔李庄东到南丘汇入滦河。全
长 265 km,全流域面积 6 267 km²,属燕山山脉东段,河流蜿蜒,河曲发
育,侧蚀力强,U 形河谷,宽 400~1 000 m,砂卵石河床,比降为 1/600~

1/430,长城以北属山区,以南属丘陵区,青龙河流域水系见图3-8。

青龙河流域属东亚季风气候区,年降水量500~700 mm,年内分配不均,主要集中于7、8月;降水量年际变化大,桃林口水文站实测1959年降水量为1 208 mm,1982年降水量仅为320 mm。流域暴雨中心多在都山迎风坡,历时短,强度大,据历史洪水调查,最大洪水发生在1949年,洪峰为17 400m³/s,相当于200年一遇。

青龙河中、上游坡降大,坡面侵蚀和河槽冲刷是泥沙主要来源。桃林口水文站实测多年(1957~1997年)平均悬移质输沙量178万t,输沙模数339 t/km²。

流域耕地面积3.73万hm²,主要作物有玉米、高粱、谷子、薯类等。流域内主要矿藏有金、铀、铁、大理石。流域山场广阔,林果繁茂,年产干鲜果过亿斤(1斤=500 g)。此外,流域内药材资源也较丰富。

3.1.6.3 河流纪实

上游:青龙河发源于河北省平泉市,有北、西二源,于辽宁省凌源市三十家子镇南汇流,始称青龙河,继续南流至绊马河,流入河北省宽城县境。

中游:南流至小石柱子村东,右纳都阴河,后转东流至东梨园,折南再东南至老岭湾村北入青龙县。至红旗杆村西,都源河(都源河源于都山东麓,长42 km,流域面积203 km²,其中游建有水胡同中型水库)自右入。东南流至土门子镇西,再至大巫岚乡铁炉沟门,星干河(星干河长45 km,流域面积469 km²)自左入。折西南,穿行于山间盆地,谷宽3~5 km,河宽约120 m。过大狮子沟后,河流蜿蜒曲折,呈连续S形,至半壁山折南流,河谷渐窄,宽不足100 m,凹岸沙滩发育。自半壁山始,青龙河两岸有堤。至双山子乡小汇河,左纳起河(起河长72.1 km,流域面积711.3 km²)。蜿蜒南流过古楼寺,经山间盆地,一般河宽约100 m,边滩300~500 m。再至东沟入桃林口水库。

下游:在库区右纳南河。南河长36 km,流域面积211 km²。出库后拐"牛轭"弯,经桃林口关过长城入卢龙县。转西流入丘陵区,河谷展宽至200余m,至小黄崖山脚下,有1977年建成的卢龙县引青灌区渠首工程(包括拦河坝、引水隧洞和水闸3部分)。过鹿尾山,西南流

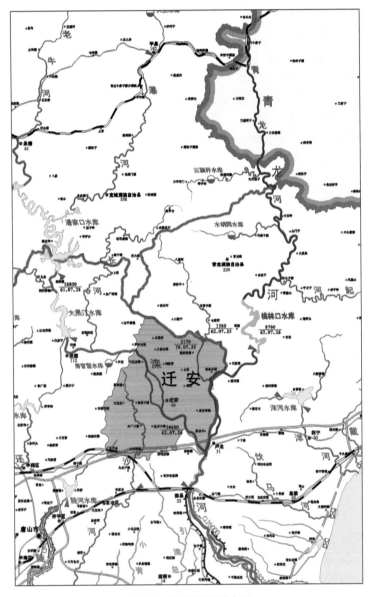

图 3-8　青龙河流域水系

至柴哨村北,始为迁安市、卢龙县界河。至卸甲庄,较大支流沙河自右入。折向南,河谷变窄,河宽约 100 m,局部宽达 500~600 m,多沙嘴、沙洲,边滩较大。沿途左岸有几条山溪汇入,右有东野河入。南过大横河、小横河后,青龙河分为左、右、中 3 支,过夹河滩村后复合;此段河谷宽展,一般 3~5 km,有长达 8.5 km 的大沙洲,长满柳树。青龙河过夹心滩,左岸为卢龙县城,下穿 102 国道,过卢龙县城西,南流入滦州,于石梯子村东入滦河。青龙河汇入滦河口位置见图 3-9。

图 3-9 青龙河汇入滦河口位置

3.1.6.4 迁安市内河段

在迁安境内长 31 km,流域面积 475 km²,青龙河迁安市境内水系见图 3-10。河道均宽 344 m,重碳酸盐钙质水,砂砾石河床,年平均流量 15 m³,1987~1996 年平均年径流总量为 4.70 亿 m³,1997 年青龙河上游桃林口水库建成蓄水后,1997~2006 年平均年径流量减少到 0.703 6 亿 m³,境内河道建筑物有万军铁路大桥。

青龙河共流经迁安市境内杨各庄镇、扣庄乡、夏官营镇、彭店子乡

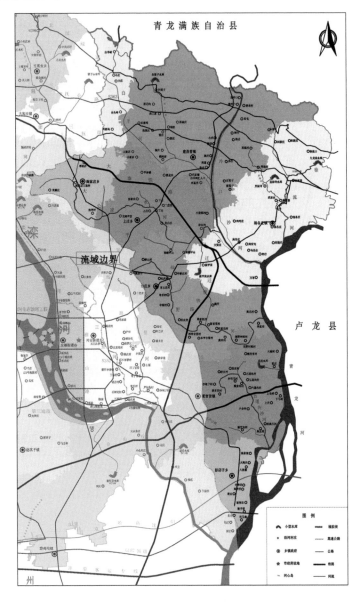

图 3-10 青龙河迁安市境内水系

等 4 个乡(镇),右岸流经包各庄村、揣庄村、郭庄村、万军村、枣行村、郎庄村、大榆树村、范庄村、下马哨村、梁庞庄村、耿庄村、杨家坡村、大周庄村、八家寨村、高李庄村、崔李庄村、粉子营村、易庄村、柏庄村、南丘村等 20 个村,涉及总户数 7 623 户,总人口 26 126 人。

3.1.6.5　水库概述

青龙河流域内分布小型水库共计 5 座,其中小(1)型水库 2 座,分别为九龙泉水库、白道子水库,小(2)型水库 3 座,分别为范庄水库、披甲窝水库、皇姑寺水库。

3.1.7　十里河

3.1.7.1　编制对象

(1)河流名称:十里河。

(2)所属水系:海河流域滦河水系滦河的二级支流。

(3)流经区域:迁安市扣庄乡、兴安街道办事处等 2 个乡(镇)及街道办事处。

(4)河道范围:起始于扣庄乡安新庄村,终点位于兴安街道办省庄村,最终汇入三里河。

(5)河流长度及流域面积:十里河河道长 12 km,流域面积 22 km^2。

(6)跨界类型:市域范围内。

(7)流域功能:防洪。

(8)编写依据:防洪影响范围内或供水影响范围内有常住人口。

3.1.7.2　河流概述

十里河位于迁安市东部,为滦河的二级支流,发源于迁安市蟒山,东南流至郭庄,到省庄注入三里河,十里河干流长 16 km,流域面积 22 km^2,整体纵坡 4.0‰。十里河基本属于低山丘陵区,为土质河床,河段较顺直,河床呈下切式,较为平整。季节性河道,两岸无堤防。上游安新庄段现状已无明显河槽,下游段河道平均宽度为 20 m。河道两岸为平原区,分布耕地、村庄及工厂。

十里河共流经扣庄乡、兴安街道办事处等 2 个乡(镇、街道),左岸流经村庄为安新庄村、十里营村、上屋村、芦沟堡村,右岸流经村庄为安新庄村、毛家洼村、张尹庄村、郭庄村、小兰庄村、小贾庄村、后丁官营村、前丁官营村、省庄村,共计 12 个村,涉及总户数 1 731 户,总人口 6 283 人。

十里河流域水系见图 3-11。

3.1.8 东港沟河

3.1.8.1 编制对象

(1)河流名称:东港沟河。

(2)所属水系:海河流域滦河水系滦河的二级支流。

(3)流经区域:迁安市杨各庄镇一个乡(镇)。

(4)本市河道起止位置:于迁安市杨各庄镇上场村附近进入,沿迁安、卢龙边界而流,至东揣庄村,入青龙河。

(5)河流长度及流域面积:东港沟河在迁安市境内长 7.4 km,境内流域面积 46 km²。

(6)跨界类型:跨县。

(7)流域功能:防洪。

(8)编写依据:第一次全国水利普查河湖名录内河流。

3.1.8.2 河流概述

东港沟河位于迁安市东北部,为滦河的二级支流,发源于青龙满族自治县草碾乡东蚂蚁滩村西北,由北向南自刘家口村入卢龙县,流经刘家口村、下庄村、三里店村,由三里店村西南汇入迁安。青龙满族自治县、卢龙县境内流域面积为 36.9 km²,河道长度 8.6 km,河道比降为 17.2‰。东港沟河于迁安市杨各庄镇上场村附近进入,沿迁安、卢龙边界而流,至东揣庄村,入青龙河。东港沟河流域面积为 83 km²,河道长度 16 km,河道比降为 5.46‰。东港沟河为季节性河流,大致流向为自北向南。本次规划河段河道较为弯曲,地下河,两岸无堤,局部河段不明显,河槽多为单式断面,上口宽窄不一。河道两岸分布有耕地、林地、村庄及厂区。

东港沟河流域内建有 2 座小型水库,九龙泉水库于 1977 年 12 月

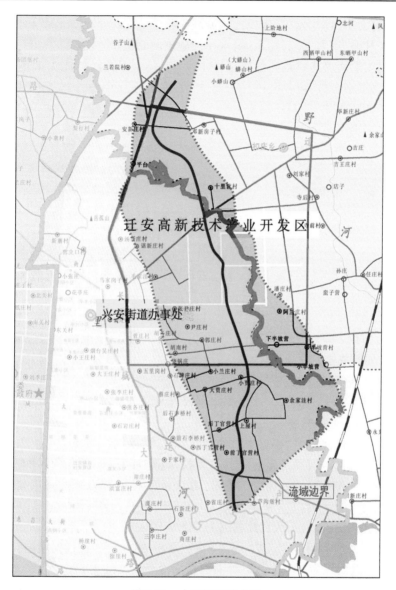

图 3-11 十里河流域水系

竣工,为小(1)型水库,水库控制流域面积 2. 1 km²;皇姑寺水库于 1975 年 8 月竣工,为小(2)型水库,水库控制流域面积 0. 4 km²。

东港沟河共流经杨各庄镇一个乡(镇),右岸流经村庄为上场村、曲河村、小套村、包各庄村、杨各庄村、东揣庄村,共计 6 个村,涉及总户数 3 305 户,总人口 11 220 人。

东港沟河进入迁安市域及汇入青龙河河口位置见图 3-12。

3.1.9 冷口沙河

3.1.9.1 编制对象

(1)河流名称:冷口沙河迁安市段。

(2)所属水系:海河流域滦河水系滦河的二级支流。

(3)流经区域:迁安市建昌营镇、上庄乡、杨各庄镇等 3 个乡(镇)。

(4)本市河道起止位置:于迁安市建昌营镇北冷口村附近进入,于迁安市杨各庄镇万军村附近汇入青龙河。

(5)河流长度及流域面积:冷口沙河在迁安市境内长 16 km,境内流域面积 244 km²。

(6)跨界类型:跨县。

(7)流域功能:防洪。

(8)编写依据:第一次全国水利普查河湖名录内河流。

3.1.9.2 河流概述

冷口沙河亦名"小沮水",属青龙河支流,滦河二级支流,位于迁安市东北部。该河发源于青龙县的郭杖子(称沙河),向南流,转向东南由冷口关过长城进入迁安市境内(因口外有温泉注入,河水冬暖夏凉,谓之冷池),称冷口沙河。南流经建昌营镇东关,到建昌营镇东南有白羊河注入,再南流至大贤庄村北有凉水河注入后,向东南流至枣行村南注入青龙河。河道全长 71 km,全流域面积 780 km²。在迁安境内长 16 km,流域面积为 244 km²,砂卵石河床据冷口水文站 1987 年到 2006 年实测资料统计,平均流量 3. 8 m³/s,多年平均年径流量 1. 04 亿 m³,最大 2. 84 亿 m³,最小 0. 11 亿 m³。多年平均输沙量 18. 2 万 t。在境内跨河主要公路上有钢筋水泥结构桥梁两座:三屯营至抚宁公路桥(建昌

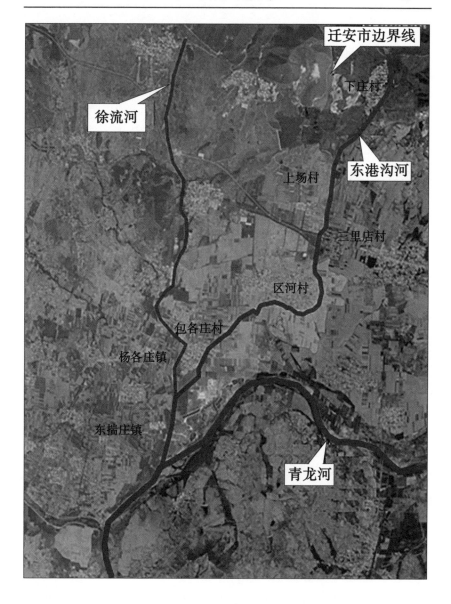

图 3-12 东港沟河进入迁安市域及汇入青龙河河口位置

营镇东),迁安市至徐流营公路桥(青山院东)。冷口沙河共流经建昌营镇、上庄乡、杨各庄镇等 3 个乡(镇),左岸流经村庄为万军村、清泉村、军屯村、树行村、郑庄村、塘坊村、乔庄村、后窝子村、前窝子村、新房子村、鸡鸣庄村、枣行村、三角庄村、东高庄村、马各庄村、阎官屯村、青山院村、万军村,右岸流经村庄为北冷口村、南冷口村、军屯村、小庄村、塘坊村、郭庄村、和平村、保二村、建平村、东孟庄村、大望都庄村、小望都庄村、凉水河村、大贤庄村、青山院村,共计 30 个村,涉及总户数7 200 户,总人口 24 262 人。冷口沙河迁安市境内水系见图 3-13。

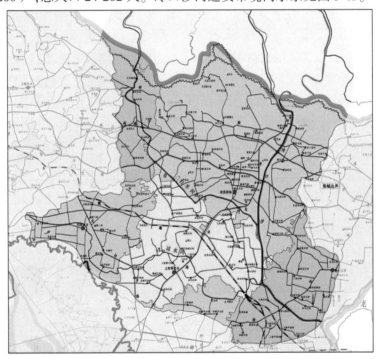

图 3-13　冷口沙河迁安市境内水系

冷口沙河行洪不畅,经常泛溢成灾。据民国 20 年(1931 年)修《迁安县志》记载,民国 19 年(1930 年)"春早两月未雨,六月冷口沙河、青龙河水暴涨,毁田庐无数,水灾之重为近六十年来所未见"。1959~2000 年的 42 年间,冷口沙河发生较大洪水 9 次,其中洪峰流量 1 000 m³/s 以上的 6 次,给沿岸造成严重损失。

3.1.9.3 河流纪实

沙河迁安段:冷口关为长城要塞之一,原名"清水明月关",相传清康熙皇帝冬季在此过关,惊叹:"好难过的冷口关啊!"此后改名冷口关。冷口关自古就是京东通往内蒙古、东北的重要门户,为兵家必争之地。1933 年商震在此指挥华北第二军团在长城抗战,1948 年人民解放军第四野战军 5 个纵队由此入关。向南至冷口村,有 1958 年所建冷口水文站。南流至建昌营镇东。建昌营一直是长城内外贸易的重要集散地,京东重要集镇之一,素有"拉不败的建昌营,填不满的开平城"之说,过建昌营,至上庄乡东孟庄村东,右纳白羊河。白羊峪是旅游区,集水关、城堡、敌台、烽火台为一体,还有九龙戏珠、乾隆观碾等二十八景,处处神奇,景景迷人。

冷口沙河折东南流,至杨各庄镇大贤庄,右纳凉水河,后至枣行村南入青龙河。

3.1.10 野河

3.1.10.1 编制对象

(1)河流名称:野河。

(2)所属水系:海河流域滦河水系滦河的二级支流。

(3)流经区域:迁安市扣庄乡、夏官营镇等 2 个乡(镇)。

(4)河道范围:起始于扣庄乡蟒山村,终点位于扣庄乡李家沟,最终汇入青龙河。

(5)河流长度及流域面积:野河河道长 19 km,流域面积 44 km²。

(6)跨界类型:市域范围内。

(7)流域功能:防洪。

(8)编写依据:第一次全国水利普查河湖名录内河流。

3.1.10.2 河流概述

野河位于迁安市东部,为滦河的三级支流,发源于迁安市蟒山,南流至李官营村北折向东南至东野河峪又折向北,至郎庄注入青龙河,野河干流长 19 km,流域面积 44 km²。野河基本属于平原区,为土质河床。河道均宽 25 m,平均纵坡 2.1‰,河道变化较小。野河为季节性河流,现状河道内基本无水,局部有水河段均为附近村庄生活污水及企业生产废水。野河除村庄及农田排水沟外,无其他支流汇入,无水库水源汇入。河道除穿村段有局部防护,其余段未见明显堤防,河道内淤积较为严重,部分河段不具备过水条件。河槽边坡长有杂草,部分滩地有树木,河床内有垃圾。

野河共流经扣庄乡、夏官营镇等 2 个乡(镇),左岸流经村庄为蟒山村、吉王庄村、寺后村、寺前村、陈官营村、郎庄村、西野河峪村,右岸流经村庄为扣庄村、毕新庄村、任庄村、西李官营村、东李官营村、唐庄村、东野河峪村,共计 14 个村,涉及总户数 7 463 户,总人口 24 915 人。

野河流域水系见图 3-14。

3.1.11　五道沟沙河

3.1.11.1　编制对象

(1)河流名称:五道沟沙河。

(2)所属水系:海河流域滦河水系滦河的二级支流。

(3)流经区域:迁安市夏官营镇一个乡(镇)。

(4)河道范围:起始于夏官营镇棒锤山村,终点位于夏官营镇耿庄村,最终汇入青龙河。

(5)河流长度及流域面积:五道沟沙河河道长 10 km,流域面积 31 km²。

(6)跨界类型:市域范围内。

(7)流域功能:防洪。

(8)编写依据:防洪影响范围内或供水影响范围内有常住人口。

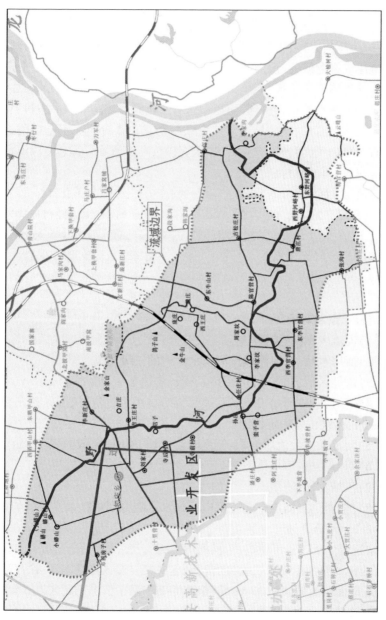

图 3-14 野河流域水系

3.1.11.2 河流概述

五道沟沙河位于迁安市东部,为滦河的三级支流,发源于迁安市棒锤山,东流至何家沟,折转向北至沙坡子,再向东至沙坨子,向东南到耿庄村南注入青龙河,五道沟沙河干流长 10 km,流域面积 31 km^2。五道沟沙河基本属于丘陵区,为单式断面,半地下河,河道开口宽 7~50 m,局部有不连续小埝,耿庄村段河道右岸有浆砌石直墙防护。洪庄村、袁庄村河段两岸有矿场,矿坑边河道有铁板防护。入青龙河汇合口附近河段右岸有矿场,河道内有弃石,岸边有矿坑和弃渣堆。其余河段河道两岸为农田、树林或村庄。

五道沟沙河流经夏官营镇,左岸流经村庄为棒锤山村、黄官营村、沙坡子村、洪庄村、袁庄村、五道沟村、六道沟村、梁庞庄村,右岸流经村庄为六合村村、耿庄村,共计 10 个村,涉及总户数 2 880 户,总人口 10 116 人。

五道沟沙河流域水系见图 3-15。

3.1.12 徐流河

3.1.12.1 编制对象

(1)河流名称:徐流河。

(2)所属水系:海河流域滦河水系滦河的三级支流。

(3)流经区域:迁安市建昌营镇、杨各庄镇等 2 个乡(镇)。

(4)河道范围:起始于建昌营镇河流口村东沟,终点位于杨各庄镇包各庄村,最终汇入东港沟河。

(5)河流长度及流域面积:徐流河河道长 13 km,流域面积 37 km^2。

(6)跨界类型:市域范围内。

(7)流域功能:防洪。

(8)编写依据:防洪影响范围内或供水影响范围内有常住人口。

3.1.12.2 河流概述

徐流河位于迁安市境内,为滦河的三级支流,发源于迁安市东沟村东南,西南流至西新庄村,折转向南,到包各庄村注入东港沟河,徐流河干流长 13 km,流域面积 37 km^2。徐流河基本属于低山丘陵区,总体为西北高,东南低,河底高程在 52.5~85.5 m,相对高差 33 m,整体纵坡

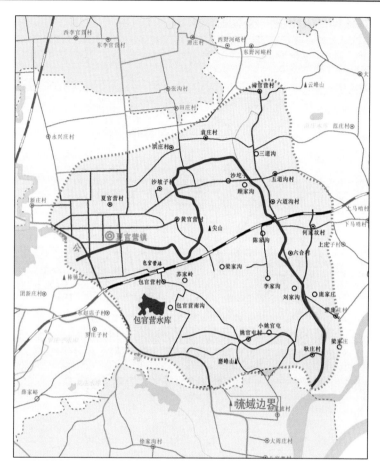

图 3-15　五道沟沙河流域水系

3.5‰。徐流河为季节性河流,大致流向为自北向南。本次规划河段河道较为弯曲,地下河,两岸无堤,河槽多为单式断面,上口宽窄不一。河道两岸分布有耕地、林地、村庄及厂区。

　　徐流河共流经建昌营镇、杨各庄镇等 2 个乡(镇),左岸流经村庄为徐流营村、皇姑寺村、包各庄村,右岸流经村庄为徐流口村、徐流营村、森罗寨村、武家庄村、杨各庄村,共计 7 个村,涉及总户数 4 514 户,总人口 14 582 人。

徐流河迁安市境内水系见图3-16。

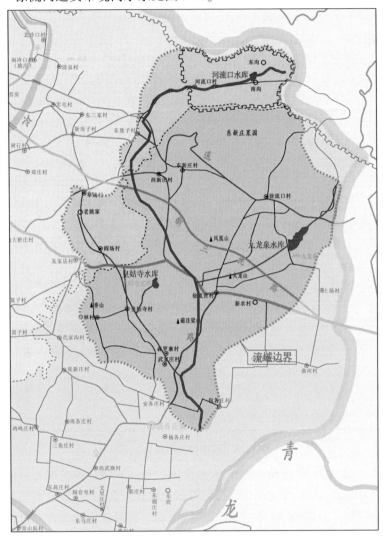

图 3-16　徐流河迁安市境内水系

3.1.13 白羊河

3.1.13.1 编制对象

(1)河流名称:白羊河迁安市段。

(2)所属水系:海河流域滦河水系滦河的三级支流。

(3)流经区域:迁安市大崔庄镇、建昌营镇、上庄乡等3个乡(镇)。

(4)本市河道起止位置:于迁安市大崔庄镇白羊峪村附近进入,于迁安市建昌营镇张庄村附近汇入冷口沙河。

(5)河流长度及流域面积:白羊河在迁安市境内长16 km,境内流域面积86 km²。

(6)跨界类型:跨市。

(7)流域功能:防洪。

(8)编写依据:第一次全国水利普查河湖名录内河流。

3.1.13.2 河流概述

白羊河位于迁安市东北部,发源于青龙县七拨子。向南流经白羊峪口过长城进入迁安市境,多年平均径流量0.25亿 m³。砂卵石河床。雨季水量较大,冬春季节东密坞以下河床干枯断流呈潜流状态。

白羊河是冷口沙河最大支流,属滦河水系三级支流,发源于青龙县七拨子,基本流向自北向南,经大庄、台头岭、大新店、小新店至东孟庄村东注入冷口沙河。河道全长29 km,流域面积128 km²,在迁安市境内长16 km,河道均宽55 m,流域面积86 km²。白羊河上游东侧白道子水库于1978年8月30日竣工,是一座小(1)型水库,水库控制流域面积2.5 km²。

白羊河共流经大崔庄镇、建昌营镇、上庄乡等3个乡(镇),左岸流经村庄为白羊峪村、大庄村、东密坞村、温庄村、鸭河营村、得胜村、回民村、太平村、西安村、郭庄村、南道村、张庄村,右岸流经村庄为白羊峪村、大庄村、抬头岭村、西密坞村、大新店村、小新店村、西孟庄村、东孟庄村、平林镇,共计19个村,涉及总户数3 346户,总人口12 402人。

白羊河迁安市境内水系见图3-17。

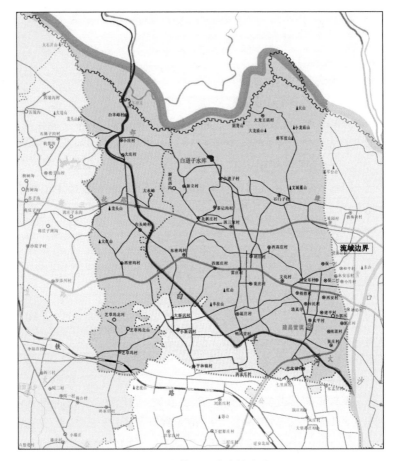

图 3-17 白羊河迁安市境内水系

3.1.13.3 水库概述

白羊河流域内分布小型水库共 1 座,为小(1)型水库——白道子水库。

3.1.14 凉水河

3.1.14.1 编制对象

(1)河流名称:凉水河。

（2）所属水系：海河流域滦河水系滦河的三级支流。

（3）流经区域：迁安市阎家店乡、上庄乡、扣庄乡、杨各庄镇等4个乡（镇）。

（4）河道范围：起始于阎家店乡于家坎村，终点上庄乡凉水河村，最终汇入冷口沙河。

（5）河流长度及流域面积：凉水河河道长19 km，流域面积54 km^2。

（6）跨界类型：市域范围内。

（7）流域功能：防洪。

（8）编写依据：流域面积大于或等于50 km^{2}的河流。

3.1.14.2　河流概述

凉水河位于迁安市境内，为滦河的三级支流，发源于迁安市于家坎，东南流至洗甲河，折转向东北、东南，到凉水河村注入冷口沙河，凉水河干流长19 km，流域面积54 km^2。凉水河基本属于丘陵区，总体为西北高、东南低，河底高程在54.7~88.4 m，相对高差35.6 m，整体纵坡1.93‰。凉水河为季节性河流，大致流向为自西北向东南方向。河道较为弯曲，地下河，两岸无堤，河槽多为单式断面，上口宽窄不一，为5~40 m。河道两岸分布有耕地、林地、村庄及厂区。

凉水河共流经阎家店乡、上庄乡、扣庄乡、杨各庄镇等4个乡（镇），左岸流经村庄为阎三村、阎二村、阎一村、洗甲河村、北代营村、上庄村、彭家洼村、下庄村、二层庄村、凉水河村，右岸流经村庄为北代营村、上庄村、丁庄村、白庄村、西晒甲山村、东晒甲山村、大贤庄村，共计15个村，涉及总户数4 983户，总人口17 899人。

凉水河流域水系见图3-18。

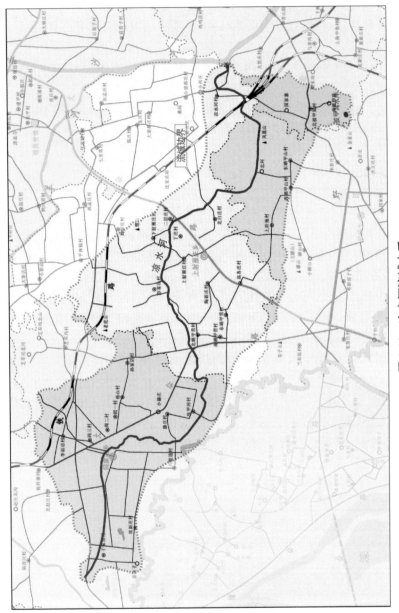

图 3-18　凉水河流域水系

3.2 冀东沿海诸河水系

3.2.1 西沙河

3.2.1.1 编制对象

(1)河流名称:西沙河迁安市段。

(2)所属水系:海河流域冀东沿海诸河水系。

(3)流经区域:迁安市蔡园镇、大五里乡、杨店子街道办事处、滨河街道办事处、木厂口镇、赵店子镇、野鸡坨镇、沙河驿镇等8个乡(镇)及街道办事处。

(4)本市河道起止位置:起始于迁安市蔡园镇郝树店村北大石岭沟,于迁安市沙河驿镇二店子村出迁安市,入滦州。

(5)河流长度及流域面积:西沙河在迁安市境内长44 km,境内流域面积296 km²。

(6)跨界类型:跨县。

(7)流域功能:防洪、生态。

(8)防洪标准:大石河以上段防洪标准为20年一遇,大石河以下段防洪标准为50年一遇。

(9)编写依据:第一次全国水利普查河湖名录内河流。

3.2.1.2 河流概述

西沙河因古人选择上游支流的不同,对其源头旧志说法纷纭。一说发源于迁安市西后屯,一说发源于迁安市西南束子屯,另一说法为迁安市西北赤岭。现在西沙河之源是迁安市蔡园镇郝树店村北大石岭沟,向南流经杨店子街道办事处,在大庄户村北有大石河水注入,再南流至代庄村东有崇家峪河注入,又南流经沙河驿镇东,向南流入滦州境内;流经滦州、唐山东矿区,自钱营岭上村进入丰南境内,然后曲折南下,于东尖坨村南注入草泊,漫流入海。河长157 km,全流域面积902 km²。1974~1976年完成沙河治理工程,开挖入海路,使它穿过草泊水库,于黑沿子村北与黑沿子排干交汇入海。

西沙河京山铁路桥上游河道流经山区,河道摆动较小。京山铁路桥下游地区,两岸及河床多为细砂,质地松散,没有明显河槽,经不起激流冲刷,以致改道频繁。旧《丰润县志·图考》标记的沙河,原从小集和爽坨之间穿过,于唐海县李家灶以东漫流入海。光绪十七年(1891年)《丰润县志》记载:至茨榆坨西、钱家营入丰邑境,又西南至张家湾坨、小北柳河、邸家庄转向东南柳林庄、大新庄北新开河又南至大佟庄、河沿庄,从戟门与戟沟入泊。自乾隆五年(1740年)改流由邸家庄向西南两里至小集又桑坨入泊,照旧河相去 20 里(1 里 = 500 m)。自那次大规模改道后的 200 余年里,每次都发生局部变迁,至今沙河两岸仍有一条条旧河道。自古以来,沙河两岸常常是"十年河东,十年河西"。

西沙河在迁安市境内长 44 km,流域面积 296 km^2。在李庄子村西,高引铺村南有卑水铁路(卑家店至水厂)两次跨越,各建有铁路桥一座。

西沙河流经蔡园镇、大五里乡、杨店子街道办事处、滨河街道办事处、木厂口镇、赵店子镇、野鸡坨镇、沙河驿镇等 8 个乡(镇、街道),左岸流经村庄为好树店村、李庄子村、蔡园村、高引铺村、大庄户村、大郭庄村、沈家营村、洼里村、马各庄村、沟南庄村、小店村、康官营村、安山口村、朱庄子村,右岸流经村庄为好树店村、北屯村、大杨庄村、小店村、张家窑村、玄家洼村、蔡家洼村、恒山子村、周官营村、松木庄村、车辕寨村、松汀村、木厂口村、宗佐村、田家店村、佛峪院村、代庄村、轩坡子村、沙河驿村、二店子村,共计 32 个村,涉及总户数 19 549 户,总人口 66 463 人。

西沙河河流水系见图 3-19,西沙河迁安市境内水系见图 3-20。

3.2.1.3 水库概述

西沙河流域内分布小型水库共计 3 座,其中小(1)型水库 1 座,为麻地水库,小(2)型水库 2 座,分别为黄柏峪水库、水峪水库。水库特征指标见附表 3-1、附表 3-2。

1. 小(1)型水库

麻地水库:

麻地水库位于大五里乡张家峪村西,属西沙河流域,是一座小(1)

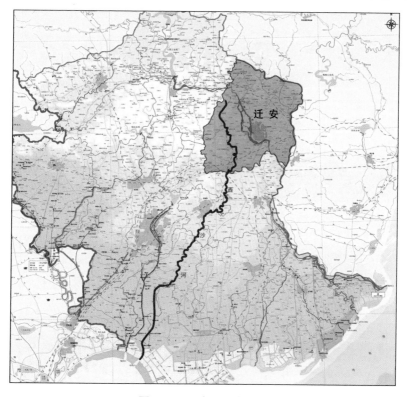

图 3-19　西沙河河流水系

型水库,于 1969 年 5 月竣工。控制流域面积 5. 7 km²,水库总库容 127. 06 万 m³,兴利库容 86. 6 万 m³,死库容 7. 5 万 m³。设计洪水位 147. 08 m,校核洪水位 148. 14 m,正常蓄水位 145. 17 m,汛限水位 145. 17 m。保护人口 1 350 人。

2. 小(2)型水库

1)黄柏峪水库

黄柏峪水库位于迁安市木厂口镇曹庄子村,属西沙河流域,为小 (2)型水库,于 1980 年 6 月竣工。水库防洪标准为 30 年一遇洪水设 计,300 年一遇洪水校核,控制流域面积 1. 5 km²,总库容为 44 万 m³。 保护人口 3 000 人。

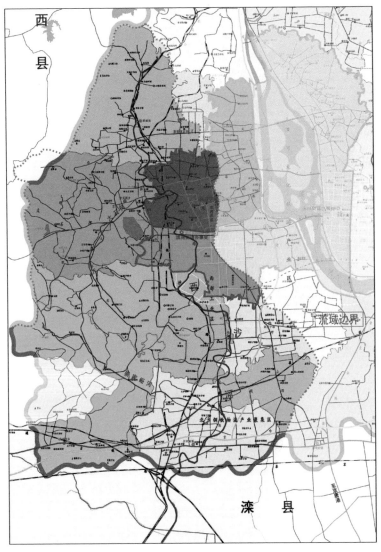

图 3-20　西沙河迁安市境内水系

2）水峪水库

水峪水库位于大五里乡水峪村西、西沙河上游西侧，属小（2）型水库,于 1977 年 6 月竣工。水库控制流域面积 1.1 km^2,多年平均径流量为 17.6 万 m^3,设计洪水位 158.10 m,正常蓄水位 156.37 m,汛限水位 156.37 m,死水位为 150.45 m;总库容 22.8 万 m^3,兴利库容 14.2 万 m^3,死库容为 0.8 万 m^3。保护人口 7 334 人。

3.2.2 大石河

3.2.2.1 编制对象

(1)河流名称:大石河。

(2)所属水系:海河流域冀东沿海诸河水系西沙河的一级支流。

(3)流经区域:迁安市木厂口镇、大五里乡、杨店子街道办事处等 3 个乡(镇)及街道办事处。

(4)河道范围:起始于木厂口镇红石峪,终点位于杨店子街道办杨店子村,最终汇入西沙河。

(5)河流长度及流域面积:大石河河道长 15 km,流域面积 71 km^2。

(6)跨界类型:市域范围内。

(7)流域功能:防洪。

(8)编写依据:流域面积大于或等于 50 km^2 的河流。

3.2.2.2 河流概述

大石河发源于迁安市境内红石峪村东北,红石峪村段内河道无水,河道宽度 5~15 m,左岸为混凝土路面,右侧为村庄,部分段为浆砌石护砌。下游贯头山村河道较宽,部分河段两侧有护砌,河道内无水。水峪村段河道宽度 5~15 m,左岸有混凝土路面,右侧为村庄,村庄段为浆砌石护砌。下游河道长约 9.7 km,河道宽 20~50 m,部分河段两侧有护砌,局部两侧有不连续堤防,大五里村段至入西沙河口段长约 3.43 km,河道较宽,河道内有芦苇,长约 200 m,左岸为路面,矿渣堆积在岸边,侵占河道,右岸为厂区。大石河流域基本属于低山丘陵区,为砂砾石河床。大石河干流长 15 km,流域面积 71 km^2。

大石河流域内建有 2 座小型水库,麻地水库于 1969 年 5 月竣工,为小(1)型水库,水库控制流域面积 5.7 km^2;水峪水库于 1977 年 6 月竣工,为小(2)型水库,水库控制流域面积 1.1 km^2。

　　大石河共流经木厂口镇、大五里乡、杨店子街道办事处等 3 个乡（镇、街道），左岸流经村庄为红石峪村、小庄户村、贯头山村、大五里村、大石河村，右岸流经村庄为井家峪村、刘新庄村、北营村、小石河村，共计 9 个村，涉及总户数 5 897 户，总人口 17 727 人。

　　大石河流域水系见图 3-21。

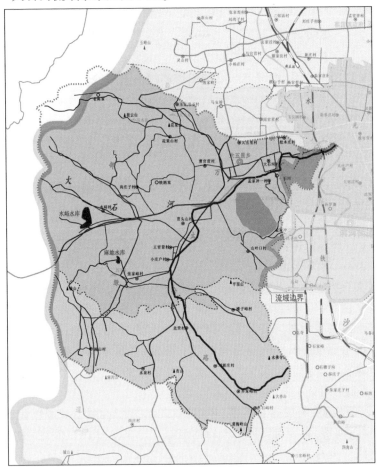

图 3-21　大石河流域水系

3 迁安市河湖名录 ·59·

3.2.2.3 水库概述

大石河流域内分布小型水库共计 2 座,其中小(1)型水库 1 座,为麻地水库,小(2)型水库 1 座,为水峪水库。

3.2.3 崇家峪河

3.2.3.1 编制对象

(1)河流名称:崇家峪河。

(2)所属水系:海河流域冀东沿海诸河水系西沙河的一级支流。

(3)流经区域:迁安市木厂口镇、沙河驿镇等 2 个乡(镇)。

(4)河道范围:起始于木厂口镇榆山西,终点位于沙河驿镇代庄村,最终汇入西沙河。

(5)河流长度及流域面积:崇家峪河河道长 16 km,流域面积 36 km²。

(6)跨界类型:市域范围内。

(7)流域功能:防洪。

(8)编写依据:防洪影响范围内或供水影响范围内有常住人口。

3.2.3.2 河流概述

崇家峪河位于迁安市西南部,发源于迁安市木厂口镇,东南流至田庄营村,在代庄村注入西沙河,崇家峪河干流长 16 km,流域面积 36 km²。崇家峪河为季节性河流,大致流向为自西北向东南方向。河道较为弯曲,地下河,两岸无堤,部分穿村河段有浆砌石挡墙,河槽多为单式断面,河道宽窄变化较大。河道两岸分布有耕地、林地、村庄及厂区。崇家峪河基本处于丘陵区,总体为西北高,东南低,河底高程在 154.7~58.0 m,相对高差 96.7 m,整体纵坡 6.7‰。

崇家峪河共流经木厂口镇、沙河驿镇等 2 个乡(镇),左岸流经村庄为尚庄村、崇家峪村、田庄营村、下炉村、窝子村、孟台子村、代庄村,右岸流经村庄为潘庄子村、窝子村,共计 8 个村,涉及总户数 3 580 户,总人口 11 042 人。

崇家峪河流域水系见图 3-22。

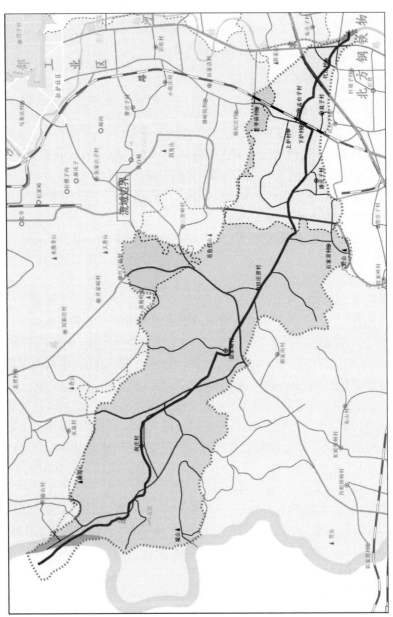

图 3-22　崇家峪河流域水系

3.2.4 管河

3.2.4.1 编制对象

(1)河流名称:管河迁安市段。

(2)所属水系:海河流域冀东沿海诸河水系陡河的一级支流。

(3)流经区域:迁安市太平庄乡一个乡(镇)。

(4)本市河道起止位置:起始于迁安市太平庄乡城山南,于迁安市太平庄乡郭家营村出迁安市,入滦州。

(5)河流长度及流域面积:管河在迁安市境内长 9 km,境内流域面积 16 km^2。

(6)跨界类型:跨县。

(7)流域功能:防洪。

(8)编写依据:第一次全国水利普查河湖名录内河流。

3.2.4.2 河流概述

管河位于迁安市西南部,为陡河的一级支流,发源于迁安市城山南。东南流至三岭,折转向西南,注入陡河,管河干流长 24 km,流域面积 120 km^2,该河在迁安市境内长 9 km,流域面积 16 km^2。管河迁安市河段基本处于丘陵区,总体为东北高,西南低,河底高程在 54.19 ~ 76.03 m,相对高差 21.84 m,整体纵坡 5.2‰。管河为季节性河流,大致流向为自东北向西南方向。河道上游崇家峪至东蛇探峪村 304 乡道段公路兼河,现状无河槽;下游东蛇探峪村西至下游迁安市界段河槽宽窄不一,两岸均无堤防,局部穿村段河道两侧岸坡有防护。西蛇探峪村至郭家营村之间的河北润安建材有限公司段河道改道,沿厂区南侧行洪,河道两侧岸坡防护。

管河流经太平庄乡,左岸流经村庄为东蛇探峪村,右岸流经村庄为西蛇探峪村、郭家营村,共计 3 个村,涉及总户数 993 户,总人口 3 464 人。

管河迁安市境内水系见图 3-23。

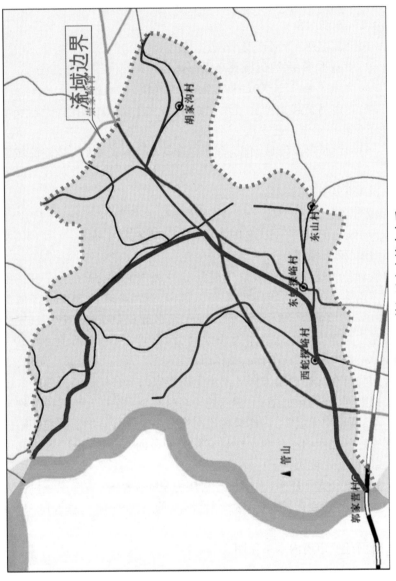

图 3-23　管河迁安市境内水系

3.3　各办事处、乡(镇)河湖名录

迁安市下辖4个街道办事处、10镇、7乡:永顺街道办事处、滨河街道办事处、兴安街道办事处、杨店子街道办事处、杨各庄镇、建昌营镇、夏官营镇、大崔庄镇、马兰庄镇、蔡园镇、木厂口镇、沙河驿镇、赵店子镇、野鸡坨镇、扣庄乡、大五里乡、阎家店乡、上庄乡、五重安乡、彭店子乡、太平庄乡。各办事处、乡(镇)涉及河湖(水库)分述如下(详见表3-2)。

3.3.1　永顺街道办事处

永顺街道办事处内河流数量总计2条,分别是滦河、三里河;水库共计2座,分别为小营水库、新庄水库,均为小(2)型水库。

3.3.2　滨河街道办事处

滨河街道办事处内河流数量总计2条,分别是滦河、西沙河。

3.3.3　兴安街道办事处

兴安街道办事处内河流数量总计3条,分别是滦河、三里河、十里河。

3.3.4　杨店子街道办事处

杨店子街道办事处内河流数量总计3条,分别是滦河、西沙河、大石河。

3.3.5　杨各庄镇

杨各庄镇内河流数量总计5条,分别是东港沟河、徐流河、冷口沙河、青龙河、凉水河;水库共计3座,其中小(1)型水库1座,为九龙泉水库,小(2)型水库2座,分别为披甲窝水库、皇姑寺水库。

表 3-2 各办事处、乡（镇）涉及河湖汇总

序号	办事处、乡（镇）	河道 个数	河道 名称	水库 小（1）型 个数	水库 小（1）型 名称	水库 小（2）型 个数	水库 小（2）型 名称
1	永顺街道办事处	2	滦河、三里河			2	小营水库、新庄水库
2	滦河街道办事处	2	滦河、西沙河				
3	兴安街道办事处	3	滦河、三里河、十里河				
4	杨店子街道办事处	3	滦河、西沙河、大石河				
5	杨各庄镇	5	东港沟河、徐流河、冷口沙河、青龙河、凉水河	1	九龙泉水库	2	披甲窝水库、皇姑寺水库
6	建昌营镇	2	冷口沙河、白羊河	1	白道子水库		
7	夏官营镇	5	滦河、三里河、五道沟沙河、野河、青龙河			2	花庄水库、范庄水库
8	大崔庄镇	4	滦河、刘皮庄沙河、隔滦河、白羊河	1	娄子山山水库		
9	马兰庄镇	2	滦河、清河				
10	蔡园镇	1	西沙河				

续表 3-2

序号	办事处、乡(镇)	河道		水库			
				小(1)型		小(2)型	
		个数	名称	个数	名称	个数	名称
11	木厂口镇	2	大石河、西沙河			1	黄柏峪水库
12	沙河驿镇	2	崇家峪河、西沙河				
13	赵店子镇	2	滦河、西沙河				
14	野鸡坨镇	2	滦河、西沙河			1	新军营水库
15	扣庄乡	4	青龙河、野河、凉水河、十里河				
16	大五里乡	2	大石河、西沙河	1	麻地水库	1	水峪水库
17	阎家店乡	3	滦河、隔滦河、凉水河			1	东峡口水库
18	上庄乡	3	冷口沙河、凉水河、白羊河				
19	五重安乡	2	隔滦河、刘皮庄沙河	3	万宝沟水库、曹古庄水库、小间庄水库	1	小关水库
20	彭店子乡	2	滦河、青龙河				
21	太平庄乡	2	管河、崇家峪河				

3.3.6　建昌营镇

建昌营镇内河流数量总计 2 条,分别是冷口沙河、白羊河;水库共计 1 座,为小(1)型白道子水库。

3.3.7　夏官营镇

夏官营镇内河流数量总计 5 条,分别是滦河、三里河、五道沟沙河、野河、青龙河;水库共计 2 座,分别为花庄水库、范庄水库,均为小(2)型水库。

3.3.8　大崔庄镇

大崔庄镇内河流数量总计 4 条,分别是滦河、刘皮庄沙河、隔滦河、白羊河;水库共计 1 座,为小(1)型娄子山水库。

3.3.9　马兰庄镇

马兰庄镇内河流数量总计 2 条,分别是滦河、清河。

3.3.10　蔡园镇

蔡园镇内河流数量总计 1 条,为西沙河。

3.3.11　木厂口镇

木厂口镇内河流数量总计 2 条,分别是大石河、西沙河;水库共计 1 座,为小(2)型黄柏峪水库。

3.3.12　沙河驿镇

沙河驿镇内河流数量总计 2 条,分别是崇家峪河、西沙河。

3.3.13　赵店子镇

赵店子镇内河流数量总计 2 条,分别是滦河、西沙河。

3.3.14 野鸡坨镇

野鸡坨镇内河流数量总计 2 条,分别是滦河、西沙河;水库共计 1 座,为小(2)型新军营水库。

3.3.15 扣庄乡

扣庄乡内河流数量总计 4 条,分别是青龙河、野河、凉水河、十里河。

3.3.16 大五里乡

大五里乡内河流数量总计 2 条,分别是大石河、西沙河;水库共计 2 座,分别为小(1)型麻地水库、小(2)型水峪水库。

3.3.17 阎家店乡

阎家店乡内河流数量总计 3 条,分别是滦河、隔滦河、凉水河;水库共计 1 座,为小(2)型东峡口水库。

3.3.18 上庄乡

上庄乡内河流数量总计 3 条,为冷口沙河、凉水河、白羊河。

3.3.19 五重安乡

五重安乡内河流数量总计 2 条,分别是隔滦河、刘皮庄沙河;水库共计 4 座,其中小(1)型水库 3 座,分别为万宝沟水库、曹古庄水库及小何庄水库,小(2)型小关水库。

3.3.20 彭店子乡

彭店子乡内河流数量总计 2 条,分别是滦河、青龙河。

3.3.21 太平庄乡

太平庄乡内河流数量总计 2 条,分别是管河、崇家峪河。

4　迁安市分级河长名录

　　根据中共迁安市委办公室迁办字〔2017〕21号文《中共迁安市委办公室迁安市人民政府办公室关于印发〈迁安市实行河长制工作方案〉的通知》,迁安市于2017年全面建立市、乡(镇)、村三级河长制组织体系,并向社会公布河长名单,制定出台相关制度及考核办法。河长制管理体系结合自然河系与行政区域,构建覆盖了全市河湖。

　　市级设立双总河长,由市委、市政府主要领导担任。滦河、青龙河、冷口沙河、西沙河、白洋河、隔滦河、刘皮庄沙河、三里河、十里河、五道沟沙河、野河、凉水河、徐流河、管河、大石河、崇家峪河等河流设立市级河长。

　　各河湖按照所在的乡(镇)行政区域划分成各乡(镇)河段,每个河段总河长由所在乡(镇)党委、政府主要负责同志担任,河长由分管负责同志担任。

　　村级河长由沿河各村村党支部书记、村委会主任担任。

　　市级设立河湖长制办公室,办公室主任由市水利局局长兼任,办公室副主任由环保、住建、农牧等部门主抓负责同志担任,办公地点设在市水利局,并配备相应的工作人员。

　　各乡(镇)河湖长制办公室结合本地实际情况设立。

附　录

附录1　专家审查意见及名单

迁安市河湖保护名录
专家审查意见

2020年9月18日,唐山市水利局在唐山市主持召开了《迁安市河湖保护名录》(以下简称《河湖名录》)审查会。参加会议的有迁安市水利局的代表和特邀专家,会议成立了专家组(名单附后)。与会人员听取了《河湖名录》编制单位河北天和咨询有限公司的汇报,形成审查意见如下:

1.据《关于开展河湖保护名录编制工作的通知》(冀水河湖〔2020〕37号)、《关于开展河湖名录编制工作及加快推进水利普查名录内河湖管理范围划定工作的通知》(唐水河湖〔2020〕9号)等有关规定,对迁安市市域范围内的河湖进行河湖保护名录编制工作是必要的。

2.《河湖名录》编制内容全面,编制方法正确,满足《河北省河湖保护名录编制标准》要求。

3.同意《河湖名录》编制范围为18条河流。

4.同意《河湖名录》中河流功能定性准确。

5.同意《河湖名录》中河流基本属性内容翔实符合《河北省河湖保护名录编制标准》要求。

专家组长：

2020年9月18日

《迁安市河流保护名录》审查会
专 家 签 字 表

	姓名	单位	职称	签字
组　长	张亚利	特邀专家	正高	
成　员	周兆东	特邀专家	正高	
	李建林	特邀专家	高工	
	高青春	特邀专家	高工	
	密文富	迁安市水利局	副局长	

附录2　迁安市河流功能及基本属性情况表

附表2-1　迁安市河流功能情况表

序号	河流名称	流域面积（km²）①	防洪影响范围				供水影响范围				是否具有生态功能 ⑩
			耕地面积（万亩）②	常住人口（万人）③	城市名称及规模 ④	交通及工矿企业重要性 ⑤	耕地面积（万亩）⑥	常住人口（万人）⑦	城市名称及规模 ⑧	交通及工矿企业重要性 ⑨	
1	滦河	44 227（258）	—	—	—	特别重要	—	—	—	中等	重要
2	清河	325（4）	—	—	—	特别重要	—	—	—	—	一般
3	刘皮庄边河	42（28）	0.2	0.47	—	特别重要	—	—	—	—	一般
4	隔滦河	97	—	—	—	特别重要	—	—	—	中等	一般
5	三里河	76	0.3	2.4	—	特别重要	—	—	—	—	中等
6	青龙河	6 267（475）	—	—	—	特别重要	—	—	—	中等	一般
7	十里河	22	0.2	0.6	—	重要	—	—	—	—	一般
8	东港沟河	83（46）	—	—	—	重要	—	—	—	—	一般
9	冷口沙河	780（244）	—	—	—	特别重要	—	—	—	中等	一般

（河流功能指标）

续附表 2-1

序号	河流名称	流域面积（km²）①	防洪影响范围				河流功能指标 供水影响范围				是否具有生态功能 ⑩
			耕地面积（万亩）②	常住人口（万人）③	城市名称及规模 ④	交通及工矿企业重要性 ⑤	耕地面积（万亩）⑥	常住人口（万人）⑦	城市名称及规模 ⑧	交通及工矿企业重要性 ⑨	
10	野河	44	0.3	2.5	—	特别重要	—	—	—	—	一般
11	五道沟沙河	31	0.1	1.0	—	特别重要	—	—	—	—	一般
12	徐流河	37	0.2	1.5	—	重要	—	—	—	—	一般
13	白羊河	128 (86)	—	—	—	特别重要	—	—	—	—	一般
14	凉水河	54	—	—	—	特别重要	—	—	—	—	一般
15	西沙河	902 (296)	—	—	—	特别重要	—	—	—	—	中等
16	大石河	71	—	—	—	特别重要	—	—	—	—	一般
17	崇家峪河	36	0.2	1.1	—	特别重要	—	—	—	—	一般
18	管河	120 (16)	0.1	0.3	—	特别重要	—	—	—	—	一般

注：表中（）内为迁安境内流域面积。

附表 2-2 迁安市河流基本属性情况表

序号	河流名称	所属流域及水系 ①	上一级河流名称 ②	河流类型 ③	河流功能 ④	河流长度(km) ⑤	流域面积(km²) ⑥	流经地(迁安市境内) ⑦ 左岸	流经地(迁安市境内) ⑦ 右岸	跨界类型 ⑧	河源地理坐标 ⑨	河口地理坐标 ⑩
1	滦河	海河流域滦河及冀东沿海水系	—	山区平原混合河流	防洪、生态	995(54)	44 227(258)	侯庄户、桑园、下金山院、侯台子、西峡口、小潘营、东周官营、王崖庄、吉兰庄、三里屯营、刘纸庄、黄纸庄、陵庄、徐崖、沙河子、杜上、邸上、王庄、花庄、杜上、柏庄、南丘	侯台子、北马、东马、官店子、后装庄、倪屯、大么庄、小女庄、北张庄、韩官营、上午、张官营、孟庄、张富营、王庄、麻富营、大李营、新庄子、李官营、马古寺、卜官营、爪村、大山东庄、小山东庄	跨省	东经 118°33'50" 北纬 40°09'16" (市域起点)	东经 118°48'21" 北纬 39°52'55" (市域终点)
2	清河		滦河	山区平原混合河流	防洪	43(0.3)	325(4)	侯台子	侯台子	跨市	东经 118°33'57" 北纬 40°09'35" (市域起点)	东经 118°34'43" 北纬 40°09'26"
3	刘皮庄沙河		滦河	山区平原混合河流	防洪	14(10)	42(28)	刘皮庄、沙河、侯庄户	—	跨县	东经 118°35'27" 北纬 40°13'54" (市域起点)	东经 118°35'00" 北纬 40°09'31"
4	隔滦河		滦河	山区平原混合河流	防洪	20	97	新开岭、杏山、小关庄、小关、五重安、隔滦河、东峡口	马井子、新开岭、石门杏山、小何庄、小关、黄金寨、张庄子、三岭、隔滦河、西峡口	—	东经 118°38'45" 北纬 40°13'54"	东经 118°37'08" 北纬 40°06'46"

续附表 2-2

河流基本属性指标

序号	河流名称	所属流域及水系 ①	上一级河流名称 ②	河流类型 ③	河流功能 ④	河流长度(km) ⑤	流域面积(km²) ⑥	流经地(迁安市境内) ⑦ 左岸	流经地(迁安市境内) ⑦ 右岸	跨界类型 ⑧	河源地理坐标 ⑨	河口地理坐标 ⑩
5	三里河		滦河	山区平原混合河流	防洪、生态	20	76	吉兰庄、小寨、新寨、阁山、五官岗、石牌庄、蔡庄、后桥、省官、卢沟堡、沙河子	三里营、新寨、前桥、于家、石新庄、庞庄、三李庄、后官、商庄、白庄	—	东经118°40'29" 北纬40°04'46"	东经118°45'47" 北纬39°57'40"
6	青龙河	海河流域及滦河东沿冀东水系	滦河	山区平原混合河流	防洪	265 (31)	6 267 (475)	—	包各庄、瑞庄、郭庄、万军寨、郎庄、大榆树港庄、下马哨、梁庞庄、联庄、杨家坡、大周庄、八家寨、高李庄、崔李店、粉子营、易庄、柏庄、南丘	跨省	东经118°53'39" 北纬40°05'03" (市域起点)	东经118°49'46" 北纬39°51'50" (市域终点)
7	十里河		三里河	山区平原混合河流	防洪	12	22	安新庄、十里营、上屋、卢沟堡	安新庄、毛家洼、小兰甲、张尹庄、郭庄、小贾庄、后丁官、前丁官、省庄	—	东经118°44'39" 北纬40°04'00"	东经118°45'19" 北纬39°58'31"
8	东港沟河		青龙河	山区平原混合河流	防洪	16 (7.4)	83 (46)	—	上场、曲河、小寨、东端庄、各庄、杨各庄	跨县	东经118°55'09" 北纬40°07'18" (市域起点)	东经118°52'47" 北纬40°04'21"
9	冷口沙河		青龙河	山区平原混合河流	防洪	71 (16)	780 (244)	清泉、军屯、树行、郑庄、塘坊、乔庄、后窝子、前窝子、新房子、鸡鸣庄、枣三角庄、东高庄、马各庄、陶官屯、青山院	北冷口、南冷口、军屯、小东河、郭庄、和平、塘平、东孟庄、大望都庄、小望都庄、凉水河、大贤庄、青山院	跨县	东经118°49'42" 北纬40°10'47" (市域起点)	东经118°51'47" 北纬40°03'40"

续附表 2-2

河流基本属性指标

序号	河流名称	① 所属流域及水系	② 上一级河流名称	③ 河流类型	④ 河流功能	⑤ 河流长度(km)	⑥ 流域面积(km²)	⑦ 流经地(正安市境内)左岸	⑦ 流经地(正安市境内)右岸	⑧ 跨界类型	⑨ 河源地理坐标	⑩ 河口地理坐标
10	野河	海河流域及滦河沿冀东沿海水系	青龙河	平原河流	防洪	19	44	麟山,吝王庄,寺后,寺前,陈官营,即庄,西野河峪	扣庄,毕新庄,任庄,西李官营,东李官营,唐庄,东野河峪	—	东经118°44'58" 北纬40°04'10"	东经118°52'08" 北纬40°01'18"
11	五道沟沙河		青龙河	山区平原合混流	防洪	10	31	黄官营,沙坡子,洪庄,袁庄,五道沟,六道沟,梁庞庄	六合,耿庄	—	东经118°47'56" 北纬39°58'07"	东经118°51'39" 北纬39°56'32"
12	徐流河		东港沟河	山区平原合混流	防洪	13	37	西新庄,徐流营,包各庄	东堡子,森罗寨	—	东经118°54'45" 北纬40°10'01"	东经118°52'35" 北纬40°04'56"
13	白羊河		冷口沙河	山区平原合混流	防洪	29 (16)	128 (86)	白羊峪,温庄,鸭窝营,得胜,回民,太平,西安,郭庄,南道,张庄	白羊峪,大庄,抬头岭,西密坞,大新店,小新店,西孟庄,东孟庄,平林镇	跨市	东经118°43'39" 北纬40°12'28"(市域起点)	东经118°48'24" 北纬40°06'58"
14	凉水河		冷口沙河	山区平原合混流	防洪	19	54	阎三,阎一,阎二,甲河,北代营,上庄,上庄,彭水河,下庄,二层庄,凉水河	北代营,上庄,丁庄,白庄,西晒甲山,东晒甲山,大贤庄	—	东经118°39'18" 北纬40°07'27"	东经118°49'10" 北纬40°05'01"
15	西沙河		—	山区平原合混流	防洪、生态	157 (44)	902 (296)	好树店,李庄子,蔡园,高引铺,大庄户,马郭庄,沈家营,进里各庄,沟南各庄,安山,小店子,康官营,佛峪院,代庄,坡子,沙河寨,二店子	小东庄,北屯,大杨庄,张家玄家,蔡家港,车轴寨,松厂,木厂口,宗佐,田家店,轩坡子,二店子	跨县	东经118°33'18" 北纬40°05'35"	东经118°33'39" 北纬39°51'07"(市域终点)

续附表 2-2

序号	河流名称	所属流域及水系①	上一级河流名称②	河流类型③	河流功能④	河流长度（km）⑤	流域面积（km²）⑥	流经地（迁安市境内）左岸⑦	流经地（迁安市境内）右岸⑦	跨界类型⑧	河源地理坐标⑨	河口地理坐标⑩
16	大石河		西沙河	山区平原混合河流	防洪	15	71	红石峪、小庄户、贯头山、大五里、大石河	井家峪、刘新庄、北营、小石河	—	东经118°32′14″ 北纬39°57′08″	东经118°33′58″ 北纬40°00′50″
17	崇家峪河	海河流域滦河及冀东沿海水系	西沙河	山区平原混合河流	防洪	16	36	尚庄、崇家峪、田庄营、下炉、窑子、孟台子、代庄	潘庄子、窑子	—	东经118°27′40″ 北纬39°56′46″	东经118°36′05″ 北纬39°52′37″
18	管河		陡河	山区平原混合河流	防洪	24（9）	120（16）	东蛇探峪	西蛇探峪、郭家营	跨县	东经118°27′28″ 北纬39°55′26″	东经118°26′42″ 北纬39°52′42″（市域终点）

注：表中（　）内为迁安境内河流长度、流域面积。

附录3　小（1）型、小（2）型水库特征值汇总表

附表3-1　小（1）型水库特征值汇总表

名称	所在河流	流域面积（km²）	水库特征									大坝					
			水位					库容									
			设计洪水位（m）	校核洪水位（m）	正常蓄水位（m）	汛限水位（m）	死水位（m）	总容（m³）	调洪库容（m³）	兴利库容（m³）	死库容（m³）	坝型	坝顶高程（m）	最大坝高（m）	坝顶长度（m）	坝顶宽度（m）	坝坡坡比
九龙泉水库	徐流河	2.1	86.76	88.39	90	84.7	81	120.5		119.46	1.04	黏土斜墙坝	91.9~92.7	14.2	410	5	
娄子山水库	滦河	2.2	131.6	134.05	134	128	118	139.3		134.33	3.94	黏土斜墙坝	138.37	27.5	218	4	
麻地水库	西沙河	5.7	147.08	148.14	145.17	145.17	—	127.06		86.6	7.5	黏土心墙坝	148.19~148.77	20.6	140	4.1~6.2	
万宝沟水库	刘皮庄沙河	1.8	132.23	134.05	130.23	129.8		106.11		37.55	11	均质土坝	137.61	19.58	235	5	
曹古庄水库	刘皮庄沙河	3.1	132.27	134.85	132.4	126.7	119.2	134.8		86.5	0.8	黏土斜墙坝	134.63~134.9	19.5	194	6	
小何庄水库	隔滦河	1.44	139.24	141.26	139.88	136.25	128.03	100.45		78.6	2.9	黏土心墙坝	141.72	20	185	4.5	
白道子水库	白羊河	2.5	149.21	151.38	149.25	143.5		106.98		75.26	1.56	黏土斜墙坝	152.14~152.69	23	201	6.7~8.4	

续附表 3-1

名称	所在河流	流域面积（km²）	溢洪道				放水洞				下游影响				备注
			形式	堰顶/底高程（m）	堰顶宽（m）	最大泄量（m³/s）	形式	进口底高程（m）	管/洞径（m）	最大泄流量（m³/s）	村庄（个）	人口（人）	耕地（亩）	灌溉农田（亩）	
九龙泉水库	徐流河	2.1	开敞式	90	12	—	南侧:浆砌石无压隧洞 北侧:浆砌石无压隧洞（内衬钢管）		南侧:0.8×1.4 北侧:1.8×1.8	南侧:1 北侧:1.5	3	6 230	8 400		2019 维养复核
娄子山水库	滦河	2.2	—	—	—	—	砌石半圆拱		一级:1.8×1.2 二级:1.1×0.8	一级:2 二级:0.3	5	5 412	7 425	8 000	2019 维养复核
麻地水库	西沙河	5.7	开敞式	145.17	11.2		浆砌石无压涵		1.0×0.8	0.3	1	1 350	3 500		2019 维养复核
万宝沟水库	刘皮庄沙河	1.8	开敞式	130.23	17.5		浆砌石拱顶涵洞		1.4×0.8	1	1	800	1 000	3 000	2019 维养复核
曹古庄水库	刘皮庄沙河	3.1	开敞式	132.4	12.5				0.7×1.25	1	2	2 250	3 000	1 500	2019 维养复核
小何庄水库	隔滦河	1.44	开敞式	139.88	4		浆砌石拱顶涵洞		0.8×1.8	2	6	2 000	1 000	3 700	2019 维养复核
白道子水库	白羊河	2.5	开敞式	149.25	10.4				1.3×0.8	1	7	3 620	0.22		2019 维养复核

附表3-2　小(2)型水库特征值汇总表

名称	所在河流	流域面积(km²)	水库特征 — 水位					水库特征 — 库容				大坝					
			设计洪水位(m)	校核洪水位(m)	正常蓄水位(m)	汛限水位(m)	死水位(m)	总库容(m³)	调洪库容(m³)	兴利库容(m³)	死库容(m³)	坝型	坝顶高程(m)	最大坝高(m)	坝顶长度(m)	坝顶宽度(m)	坝坡坡比
小关水库	隔滦河	3.3			142.6	142.6	127.56	71	21.7	49.3	1.2	黏土心墙坝	146.06	24.1	185		
花庄水库	滦河	0.97	64.3	65.03	63.3	63.3	59.8	—	—	—	—	黏土斜墙坝	70.2	8	236	8~76	上游1:4.0 下游1:3~1:4
黄柏峪水库	西沙河	1.5			88.6	88.6		44		32	2.4	黏土斜墙坝	92.1	10.6	183		均为1:3.0
小营水库	滦河	0.4	88.5	88.91	87.94	87.94	81.5	23.1	4.14	17.9	0.763	黏土斜墙坝	89.8	11.6	165	4	
新庄水库	滦河	1.2			74.5	74.5		40.4	29.8	10.6	1	黏土斜墙坝	77.5	7.3	322		上游1:3~1:4 下游1:2~1:3
范庄水库	青龙河	0.5	66.39	66.81	65.6	65.6	58.7	21.2	6.22	14.5	0.45	黏土斜墙坝	67.1~67.3	12.47	140	3	上游1:3.5 下游1:2.75
披甲黄水库	青龙河	0.46	87.59	88.02	87	87	83.49	21.26	6.96	14.12	3.31	均质土坝	88.3~88.9	7.5	215	3	上游1:3 下游1:2.5
东峡口水库	滦河	1			82.8	82.8	77.8	28	13.6	14.4	0.6	均质土坝	84.6	11	142		
新军营水库	滦河	0.52	83.93	84.26	83.3	83.3	77.9	21.7	4.8	15.7	1.23	均质土坝	85.2	10	132	4	上游1:2.5~1:2.85 下游1:1.7~1:3.7
皇姑寺水库	青龙河	0.4			80.07	80.07	74.26	24.5	9.9	14.6	1.3	均质土坝	82.12	9.8	175		
西峪水库	西沙河	1.1			156.37	156.37	150.45	22.8	8.6	14.2	0.8	黏土斜墙坝	158.1	10.6	132		

续附表 3-2

名称	所在河流	流域面积（km²）	溢洪道 形式	溢洪道 堰顶/底高程（m）	溢洪道 堰顶宽（m）	溢洪道 最大泄量（m³/s）	放水洞 形式	放水洞 进口底高程（m）	放水洞 管/洞径（m）	放水洞 最大泄流量（m³/s）	下游影响 村庄（个）	下游影响 人口（人）	下游影响 耕地（亩）	下游影响 灌溉农田（亩）	备注
小关水库	隔滦河	3.3	开敞式	142.6	17.7	162.1	砌石拱无压隧洞		1.3×0.7	0.2	1	2 180	3 288		
花庄水库	滦河	0.97	涵洞式	63.3	—	7.07	拱形砌石洞	—	—	—	1	2 500	800	500	2019年除险加固
黄柏峪水库	西沙河	1.5	开敞式	88.6	10	47	有压铸铁管		0.3	0.6	1	456	1 000		
小营水库	滦河	0.4	开敞式	87.94	8	12.5	石砌拱		1.25×0.7		1	2 300		300	2018年除险加固
新庄水库	滦河	1.2	开敞式	74.5	5	35.5	坝下埋铸铁管	71.27	0.2	0.03	4	4 101	6 571		
范庄水库	青龙河	0.5	宽顶堰	65.6	5.5	14.9	铸铁管	56.05	0.15	0.02	1	523	1 130	400	2018年除险加固
拔甲窝水库	青龙河	0.46	宽顶堰	87	6	9.7	铸铁管		0.2	0.08	1	350	1 000	0	2018年除险加固
东峡口水库	滦河	1	开敞式	82.8	14	54.4	有压铸铁管		0.2	0.08	1	900	700		
新军营水库	滦河	0.52	开敞式	83.3	6	9	铸铁管	77.72	0.2		1	906	1 300	200	2018年除险加固结余资金
皇姑寺水库	青龙河	0.4	开敞式	80.07	3	11.1	有压铸铁管		0.15	0.05	1	844	1 052		
水峪水库	西沙河	1.1	开敞式	156.4	11.4	40.1	砌石拱无压隧洞		1.2×0.8	0.6	2	2 200	1 400